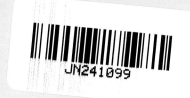

かまくらげんき動物病院
石野　孝
相澤　まな

犬のエイジングケア

食事からマッサージまで、
健康で長生きするためのトータルケア

誠文堂新光社

food

愛犬を健康で長生きさせてあげたい！
飼い主さんにできることって？

brush teeth

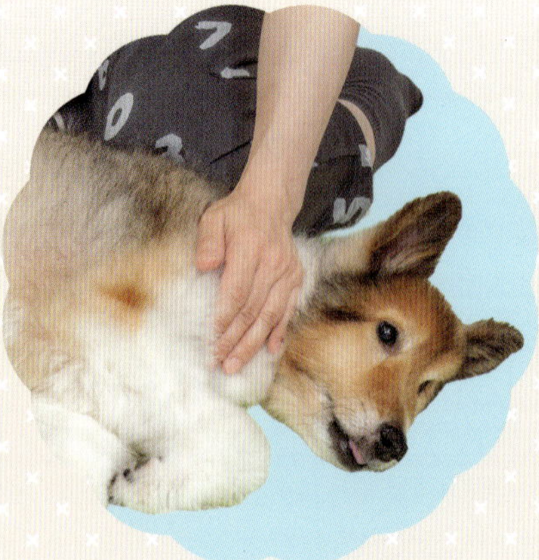

massage

今すぐ本書に沿って
エイジングケアを始めましょう♪

はじめに

動物医療の発展、予防医学の普及により家庭犬の寿命は大きくのびています。小型犬では20歳を超える子も少なくありません。大事な愛犬が長生きしてくれること、それは多くの飼い主さんの願いであると思います。

「健康なうちから養生する」——これは中医学の古典に、『養生のツボにお灸を毎日していれば不老不死までいかなくとも100歳位まで生きられる』との記載もあるように、大変重要な考え方といって良いでしょう。

養生という言葉が聞き慣れないと難しく考えてしまうかもしれませんが、普段の食事に季節の食材をトッピングしたり、愛犬とのコミュニケーションにマッサージやツボ押しを取り入れ、愛犬の体をよくさわったりすることが、とても大切なこととなります。

昔の人がそうして体をいたわっていたように、季節に合わせた過ごし方を意識すること。そしてそれらを毎日、継続していくことが養生法として大変重要なのです。

難しそう、と気負わずに気楽な気持ちでまず始めてみてください。

エイジングケアは早く始めれば始めるほど、効果的といえましょう。犬の寿命は、平均寿命がのびたといっても人と比べると短く、成長のスピードは人の約4倍です。1年1年を大切に過ごしていただきたいと思います。

また忘れてはいけないことは、愛犬の心の養生にとって飼い主さんの笑顔が大切だということです。みなさんの愛犬は、飼い主さんの素敵な笑顔が大好きなのです。いつも笑顔で接してくださいね。素敵な笑顔で、みんなで日々養生していきましょう。

本書がみなさんと愛犬の健康を守る一冊となることを願っています。

石野 孝　相澤まな

｛もくじ｝

はじめに …… 5
本書の使い方 …… 8

第1章 エイジングケアと東洋医学

犬のエイジングケアとは？ …… 10
東洋医学の〝養生〟を知る …… 12
気・血・津液・精とは？ …… 14
　気の変調／血の変調 …… 16
　津液の変調／精の変調 …… 17
陰陽を知る …… 18
　中庸と平の思想 …… 20
　陰陽チェック表 …… 21
五行思想を知る …… 22
五行思想と養生 …… 24
　木行のタイプ …… 25
　火行のタイプ …… 26
　土行のタイプ …… 27
　金行のタイプ …… 28
　水行のタイプ …… 29
　五行チェック表 …… 30
五臓六腑とは？ …… 32
　臓器と不調の関係 …… 34
性質に合わせた養生を！ …… 36

日頃のエイジングケア 01
歯磨き前に唾液腺マッサージ …… 38

ミレー君日記 VOL.1 …… 42

第2章 エイジングケアの基本テクニック

食べ物について …… 44
始めてみよう！ …… 46
ツボについて …… 48
ツボの位置を知っておこう …… 50
マッサージについて …… 52
ポイントをおさえて始めてみよう …… 54
運動・散歩について …… 56

日頃のエイジングケア 02
歯磨きを習慣にしよう …… 58

ミレー君日記 VOL.2 …… 62

第3章 五行に基づくエイジングケア

木の養生
　オススメの食材 …… 64
　ツボ …… 66
　マッサージ …… 67

火の養生

オススメの食材 …… 68
ツボ …… 70
マッサージ …… 71
土の養生
オススメの食材 …… 72
ツボ …… 74
マッサージ …… 75
金の養生
オススメの食材 …… 76
ツボ …… 78
マッサージ …… 79
水の養生

オススメの食材 …… 80
ツボ …… 82
マッサージ …… 83

日頃のエイジングケア 03
温活を取り入れてみよう …… 84

ミレー君日記　VOL.3 …… 86

第4章
季節のエイジングケア

病気の原因とは？ …… 88
季節の養生が必要な理由 …… 90
春の養生 …… 92
オススメの過ごし方 …… 93
食／睡眠・運動 …… 94
ツボ …… 96
夏の養生 …… 98
オススメの過ごし方 …… 99
食／睡眠・運動 …… 100
ツボ …… 102

日頃のエイジングケア 04
脳トレを取り入れよう …… 104

秋の養生 …… 106

オススメの過ごし方 …… 107
食／睡眠・運動 …… 108
ツボ …… 110
冬の養生 …… 112
オススメの過ごし方 …… 113
食／睡眠・運動 …… 114
ツボ …… 116

日頃のエイジングケア 05
愛犬が寝たきりになったら？ …… 118

かまくらげんき動物病院による
犬種別の五行診断 …… 122

ミレー君日記　VOL.4 …… 125

著者プロフィール／モデル犬紹介 …… 126

本書の使い方

本書では、東洋医学をベースにしたエイジングケアを学べます。また、実践として「五行のエイジングケア」と「季節のエイジングケア」を掲載。効率的な使い方をお伝えします。

STEP

❶ 1章で東洋医学、エイジングケアの考え方を学ぶ
❷ 愛犬がどの五行に属しているか知る
※30-31ページを参照してください
❸ 2章で、具体的なケアの方法を学ぶ
❹ 日々、愛犬の五行に合わせたエイジングケアを行う
❺ 五行に加えて、季節のエイジングケアを混ぜる

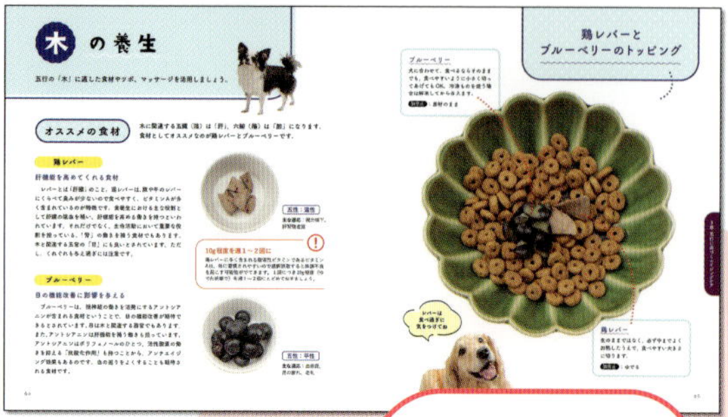

五行に合わせた、オススメの食材を掲載。普段のフードにトッピングします。

五行のエイジングケア

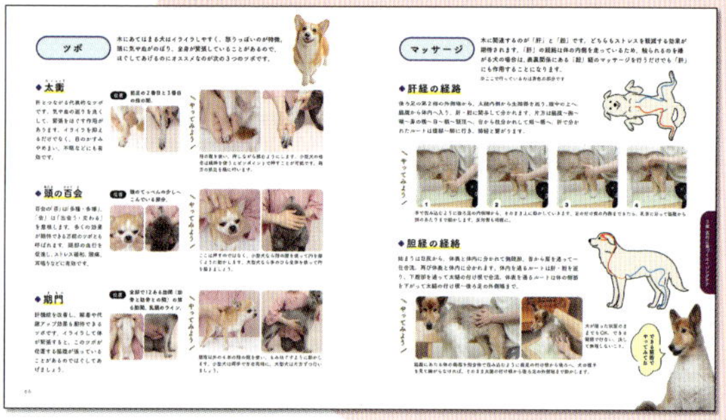

五行の性質に合わせたツボ、マッサージを掲載。毎日少しずつ続けましょう。

春夏秋冬それぞれについて、オススメの過ごし方をまとめてあります。

季節のエイジングケア

春夏秋冬で取り入れたい食材、睡眠・運動について解説しています。

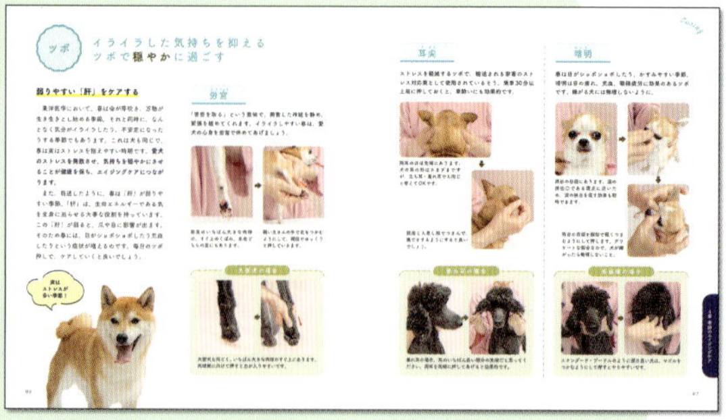

季節の病気になりにくくなるツボを掲載しています。

第1章

エイジングケアと東洋医学

愛犬に１日でも長く健康でいてもらいたいことは飼い主さんの願いでもあります。東洋医学を上手に取り入れて健康維持を心がけるために、まずは“養生”のことや“五行思想”のことなど、詳しく知っておきましょう。

子犬からのケアで健康寿命をのばす

犬のエイジングケアとは？

犬を迎えたその日から始めよう

人の場合、「エイジングケア」という言葉は主に美容関係で使われていて、「肌年齢に応じたケアを取り入れて、本来の肌の力を引き出す」という意味です。

犬の「エイジングケア」は、肌だけでなく、全身にアプローチします。皮膚、被毛のほか、骨や関節、筋肉が健康な状態を保っていること、内臓機能がしっかりしていること、などです。

犬も生き物である以上、年齢を重ねるのは仕方ないこと。でも、足を痛めて歩けなくなったシニアと、ゆっくりでも自分の足で歩けるシニアとでは、犬のQOLがまったく違ってきます。つまり**「犬の健康寿命をのばすための、全般的なケア」**が、**犬の「エイジングケア」**なのです。

効果的なエイジングケアのために大事なのは**「なるべく早く始めること」**。子犬を迎えた日から意識すると良いでしょう。なぜなら犬の加齢は人の数倍以上早く進むからです（11ページ参照）。そろそろシニアの7歳だからケアを……と思っても、人年齢に換算すると45歳。ケアを始めるにはギリギリの年齢です。子犬の頃から始めたほうが、持続的な効果が期待できます。

エイジングケアの鉄則

❶ 子犬の頃から始める

「もっと年齢が上がったら」と先のばしはダメ！ シニアになったときに効果を出すなら、若いうちに始めなくてはいけません。年を取ってからでは遅いんです。

❷ 毎日少しずつ続ける

エイジングケアは一朝一夕では効果は出ません。少しずつでも毎日続けることが大事。マッサージなら1日5分、ツボなら1日1箇所でもいいので続けてみて。

❸ リラックスして行う

飼い主さんが気負ってしまうと、犬も「怖いことされるの？」と緊張してしまいます。飼い主さんはリラックスして、のんびりした気持ちで行いましょう。

知っておきたい！ 犬の年齢

※年齢はおおよその目安となります。

小・中型犬	人
1歳	15歳
2歳	24歳
3歳	28歳
4歳	32歳
5歳	36歳
6歳	40歳
7歳	44歳
8歳	48歳
9歳	52歳
10歳	56歳
11歳	60歳
12歳	64歳
13歳	68歳
14歳	72歳
15歳	76歳
16歳	80歳
17歳	84歳
18歳	88歳
19歳	92歳
20歳	96歳

大型犬	人
1歳	12歳
2歳	19歳
3歳	26歳
4歳	33歳
5歳	40歳
6歳	47歳
7歳	54歳
8歳	61歳
9歳	68歳
10歳	75歳
11歳	82歳
12歳	89歳
13歳	96歳
14歳	103歳
15歳	110歳
16歳	117歳
17歳	124歳
18歳	131歳
19歳	138歳
20歳	145歳

ワタシたちは
1年に
4歳年を取るよ

健康維持のための過ごし方

東洋医学の〝養生〟を知る

日々のケアこそエイジングケア

本書では、**エイジングケアのベースに東洋医学を取り入れています**。なぜエイジングケアに東洋医学がマッチするのか。それは、**東洋医学が「自分の治癒力を高めるための治療」を行うから**です。

例えば発熱に対して、東洋医学では体力を温存させつつ、熱への抵抗力を高める治療をします。また、熱が出た理由を体全体のバランスから考え、これから熱が出ないようにするにはどうするか、という根本的な体質の改善も目指します。

このとき、体質の改善に役立つのが、東洋医学における「養生」の考え方です。何をどう食べれば健康に良いのか、など「病気にならないための、日常の過ごし方」が「養生」です。

「養生」して病気にならなければ体へのダメージが少ないので、健康なまま長生きができます。つまり、それがエイジングケアなのです。本書ではさまざまなケアの方法を養生として掲載。日常生活に取り入れられるようにしました。

14ページから、養生に必要な東洋医学の基礎的な知識を紹介していきます。

東洋医学

↓

体質や生活改善を含め
治癒力・免疫力を高める

↓

健康寿命がのびる

未病を治せば エイジングケアにつながる！

未病とは「病気ではないけれど、健康から離れつつある状態」のこと。なんとなくだるい、よく眠れない、などの状態です。未病の状態で健康に戻れば、体にダメージも少ないため、長生きにつながるのです。

ただし、犬は自分で「ちょっとだるい」が伝えられません。飼い主さんが気づいてあげることが大事です。

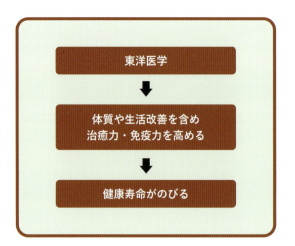

西洋医学と東洋医学

西洋医学

含まれるもの

ギリシャ・ローマ医学
アラビア・ユナニー医学
アメリカ医学
ヨーロッパ医学　など

メリット

救急医療に強い
手術などで体内外にアプローチできる

特　徴

科学的根拠に基づく
診断と治療

西洋医学と東洋医学は補い合う関係だよ

東洋医学

含まれるもの

中医学（中国）
漢方医学（日本）
韓医学（韓国）
アーユルヴェーダ（インド）
チベット医学　など

メリット

未病にアプローチできる
個々の体質にあった治療ができる

特　徴

気血津液の流れ、陽陰のバランスを重視
養生法が多くある
鍼灸、漢方などで自然治癒力を引き出す

動物の体をつくる4つの要素

気《き》・血《けつ》・津液《しんえき》・精《せい》とは？

気や血が流れる道が経絡です

東洋医学を知るうえで、まず覚えたい「気」「血」「津液」「精」、そして「経絡《けいらく》」を説明します。

まず、**気・血・津液・精は、生き物の体を構成している要素**です。具体的には15ページを参考にしてください。私たちが普段使っている「血液」とは少し違うことに注意しましょう。

そして、この**気や血、津液を運ぶのが、全身に張り巡らされている「経絡」**です。経絡は動物の体において、左右対称に通っています。これは人も犬も同じです。また、ツボは経絡の上にあり、これを押すことで気や血、津液の巡りを良くすることができます。

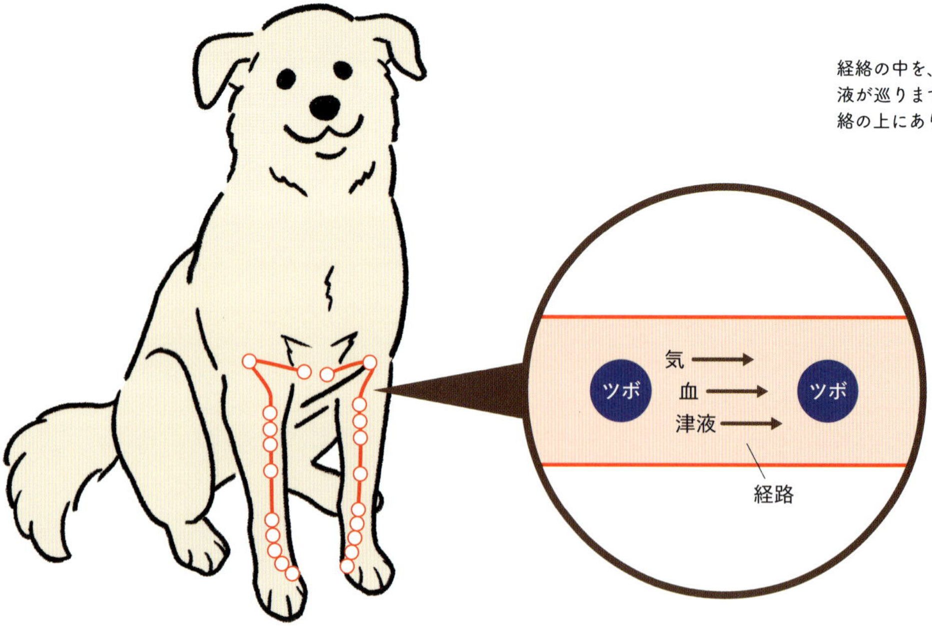

経絡の中を、気や血、津液が巡ります。ツボは経絡の上にあります。

気 生命活動のエネルギー源となる

役　割

・生命活動を統括する
・自律神経の機能を担う
（体を温める）
・食欲、消化吸収の機能を調整する
・血、津液を全身に巡らせる

気は2種類

・**先天の気**　親から受け継いだ気
・**後天の気**　清気と水穀から生成される気

後天の気の生成

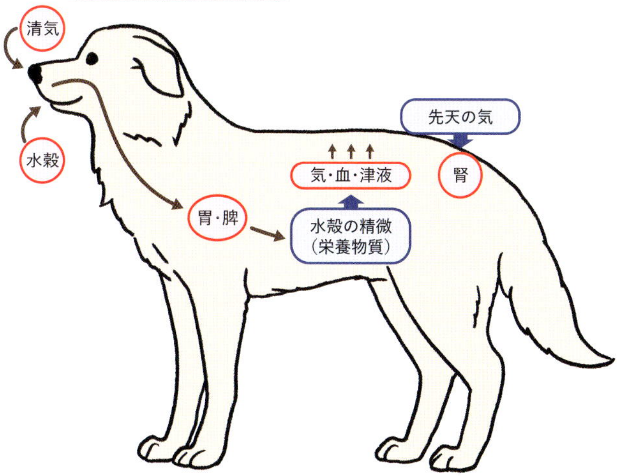

血

栄養素を全身に運ぶ

役　割

・体の隅々まで
酸素と栄養を運ぶ
・体内で生成された
老廃物を取り除く
・ホルモンの分泌を調整する
・体内の機能を微調整する

津液

血以外のすべての体液

役　割

・汗、尿、涙、唾、ヨダレ、
鼻水のこと
・皮膚や被毛、粘膜を
丈夫にする
・病原体の侵入を防ぐ
・免疫機能を担う

精

動物の活力の源となる

役　割

・生殖活動を維持する
・成長を促進する

気の変調

※変調とは、通常状態ではなく何か異常がある状態のことです。

気

役割

- 生命活動全般を統括する
- 食欲、消化活動を担う

気虚《ききょ》

- 気の量が不足している
- 気の機能が低下している（＝新陳代謝、内臓機能が低下）

現れやすい症状

- 疲れやすい
- 食欲不振
- 息切れ
- 精神不安定
- 下痢・消化不良

気滞《きたい》

- 気の流れが滞る

現れやすい症状

- 体が熱っぽい
- お腹が張った感じがする
- 胸が苦しい感じがする
- イライラする
- 不眠

血の変調

血

役割

- 体中に酸素と栄養を運ぶ
- 老廃物を取り除く
- ホルモンの分泌調整

血虚《けつきょ》

- 血が不足している（＝体が栄養不足になる）

現れやすい症状

- 目がかすんだり、乾いたりする
- めまい、動悸
- 四肢がしびれる

瘀血《おけつ》

- 体の一部に血が滞っている

現れやすい症状

- 皮膚が黒ずむ
- 出血しやすくなる
- 唇や歯茎が紫色になる

津液の変調

津液

役 割

・皮膚や被毛粘膜を丈夫にする
・病原体の侵入を防ぐ
・免疫機能を担う

陰虚《いんきょ》

・津液が不足している

現れやすい症状

・皮膚が乾燥した状態になる
・目、鼻、唇が乾燥する
・便秘

湿《しつ》

・津液が部分的に過剰になっている

現れやすい症状

・体がなんとなくだるい
・体がむくむ
・下痢が続く
・頻尿
・鼻水がよく出る

4つとも
不足しても
過剰でも
調子が悪くなるよ

精の変調

精

役 割

・生殖活動を維持する
・成長を促進する

精虚《せいきょ》

精が不足している

現れやすい症状

・骨格に異常が出やすい
・骨が折れやすい

森羅万象を二分する2つの要素

陰陽《いんよう》を知る

陰陽はどちらもなければいけない

東洋医学において、大事な考え方のひとつに「陰陽思想」があります。これは、**世の中のすべてのものは陰の性質、陽の性質に分けられ、お互いが影響し合っているとする考え方**です。

大きく分類すると、明るい・熱い・温かいといった積極性を持つものが「陽」になり、暗い・寒い・冷たいなどの消極性を持つものが「陰」となります。いちばんイメージが伝わりやすいのが、昼・太陽・男性が「陽」であり、夜・月・女性が「陰」になるという分け方でしょう。

陰と陽はお互いが影響し合い、依存し合っているため、どちらか一方だけでは存在できません。夜がなければ昼は存在しませんし、女性がいなければ男性もいないのです。また、陽が強くなると陰が弱まり、陰が強くなると陽が弱まるというように、つねにバランスを取っています。

犬を含めた動物にも、それぞれに「あなたは陽の性質が強い」「君は陰の性質が強い」という体質差があります。**体質に合わせた養生を行うことが、エイジングケアを効果的にします**。愛犬の陰陽の体質をチェックしてみると良いでしょう。

主な陰陽

陰		陽
夜	⟷	昼
暗	⟷	明
女	⟷	男
母	⟷	父
地	⟷	天
下	⟷	上
月	⟷	日

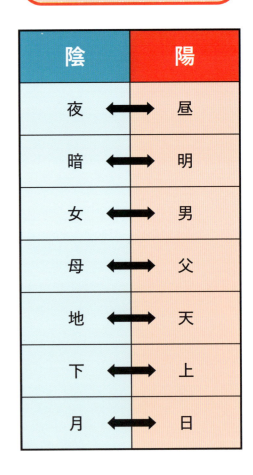

陰の体質

- 四肢が冷たい
- 疲れやすい
- 活動性が低い
- 体力が不足しがち

なりやすい病気

- アレルギー性疾患
- 下痢
- 貧血
- 自律神経失調症

冷え症は
陰の体質だよ

陽の体質

- 疲れにくい
- 暑がり
- 活発で動き回る
- 興奮しやすい
- 怒りっぽい

なりやすい病気

- 心臓病
- 脳出血
- 糖尿病

陽の体質は
熱がこもりがち

中庸と平の思想

中　庸

「中庸」とは「極端に偏っていなく、過不足なく調和していること」です。基本的に動物の体には自動的にバランスを取る機能が働いていますが、何らかの原因でそれがうまく働かないと健康を崩します。そのため、飼い主さんが対策を取ってあげる必要があります。例えば、愛犬が冷え性ならば体を温める食材を食べさせる、などです。

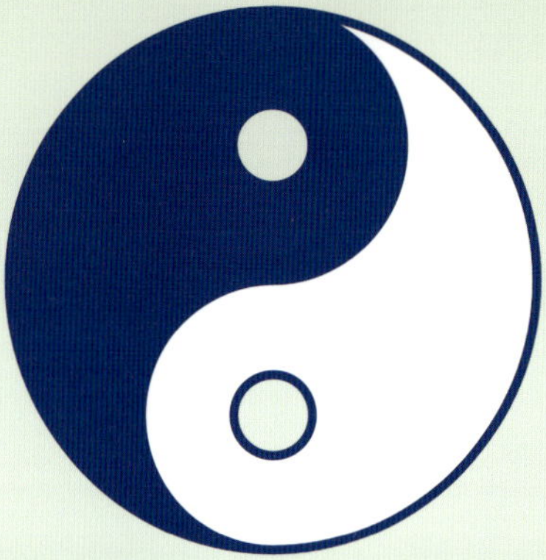

陰と陽は50／50の状態がいちばん安定します。体も同様で、極端に陽に傾くのも陰に傾くのも、不調の原因です。

平の思想

中庸を保つために、東洋医学では「平の思想」を取り入れています。つまり、足りないもの（虚《きょ》の状態）を補って「平」にする、余分にあるもの（実《じつ》の状態）を瀉《しゃ》して「平」にする、という考え方です。

虚の状態

「虚」は欠けている状態。つまり、「不足・不十分」の状態です。気が足りなければ「気虚」、血が足りなければ「血虚」となります。気や血を補って「平」にする必要があります。

実の状態

「実」は「過剰」の状態を示します。例えば、気が実の状態だと「気滞」になりやすいです。瀉して「平」にする必要があります。「瀉」は、過剰分を「抜く」という意味になります。

補って「平」の状態にする　　瀉して「平」の状態にする

陰陽チェック表

	Yes	No
舌の色はいつも赤いほうである		
四肢はいつも温かい		
鳴き声が大きくてはっきりしている		
平熱が38.6℃以上である		
皮膚に湿疹が出やすい		
便が硬く便秘しやすい		
体格がしっかりしている		
体力がある		
のどが渇きやすい		
暑がりである		
春夏に体調を崩しやすい		
脈拍がはっきりわかる		
尿の量が少なく、色が薄い		

【判定】
Yesが半分以上→陽の体質
Noが半分以上 →陰の体質

すべては５つの元素に分けられる

五《ご》行《ぎょう》思想を知る

５つの元素はお互い影響し合う

「陰陽」と同様に知っておきたいのが「五行思想」です。これは**自然界のあらゆるものが、「木《もく》・火《か》・土《ど》・金《こん》・水《すい》」という５つの元素からなる**という考え方です。例えば、季節でいえば、春が木、夏が火、土用（季節の変わり目）が土、秋が金、冬が水になります。

この５つの元素は、お互いに影響し合っていて、盛んになったり衰えたりすることで、万物が変化・循環します。春が衰えたら夏が盛んになる、夏が衰えたら秋が盛んになる、というわけです。

五行がお互いに影響し合う関係を「相生《そうせい》」「相《そう》克《こく》」といいます。「相生」は相手を生み出すこと。「木が燃えて火が生まれ、火が燃えたあとに土が生じ、土中から金属が生じ、金属があるところに水が湧き出、水から木が生まれる」関係です。「相克」は相手を抑制すること。「木は土の栄養を摂り、火は金を溶かし、土は水を吸収し、金は木を切り倒し、水は火を打ち消す」関係です。このように、５つの元素はお互いを生み出したり、打ち消したりしています（23ページ参照）。

主な五行対応表

	木	火	土	金	水
五方（ごほう）	東	南	中央	西	北
五季（ごき）	春	夏	土用	秋	冬
五色（ごしょく）	青	赤	黄	白	黒
五味（ごみ）	酸（さん）	苦（く）	甘（かん）	辛（しん）	鹹（かん）
五臓（ごぞう）	肝	心	脾	肺	腎
五体（ごたい）	筋	血脈	肌肉	皮膚	骨髄

※「鹹」は「しょっぱい」を示します。

五行 相生・相克図

木・火・土・金・水の5元素は、下記のようにお互いを生み出す「相生」、お互いを打ち消す「相克」関係にあります。

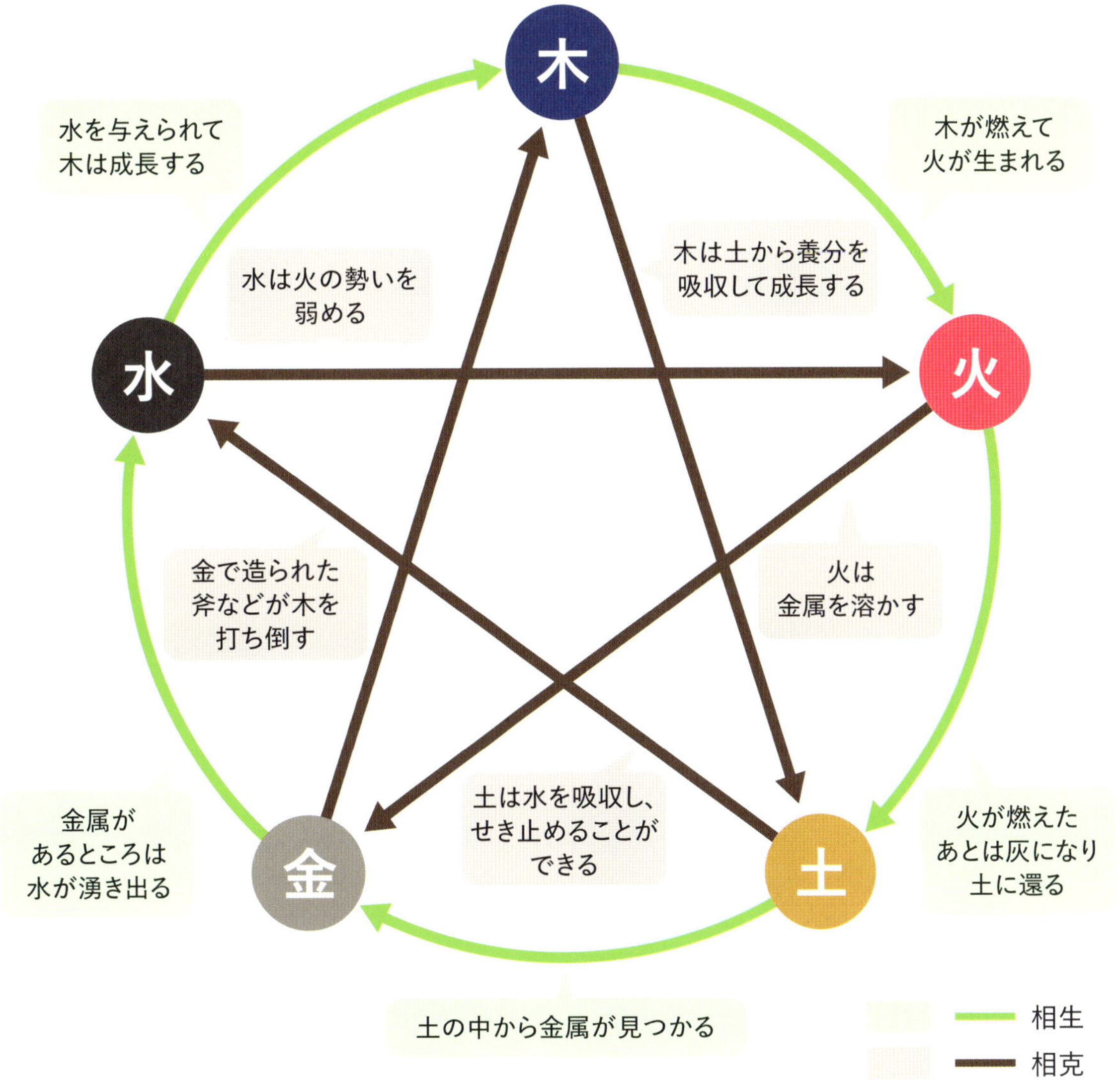
木
火
土
金
水
水を与えられて木は成長する
木が燃えて火が生まれる
火が燃えたあとは灰になり土に還る
土の中から金属が見つかる
金属があるところは水が湧き出る
木は土から養分を吸収して成長する
土は水を吸収し、せき止めることができる
水は火の勢いを弱める
火は金属を溶かす
金で造られた斧などが木を打ち倒す
相生
相克

五行思想と養生

愛犬の五行を知ることが大事

なぜ五行思想がエイジングケアに必要になるのでしょうか？ それは下表のように、**五臓六腑がそれぞれ五行に対応していて、支え合ったり、対立したりする**からです。例えば、心は火行です。心が弱ったとき、いきなり心の治療を行うとさらにダメージを与える可能性があるため、心を支える木行の肝を強める治療を行うという形です。

そして、**人や犬も五行が当てはまります**。つまり、木行の性質の犬、火行の性質の犬……というように分類できるのです。性格や行動に影響を及ぼすのはもちろん、実は出やすい症状にも差が出てきます。例えば、木行の犬は情緒不安定になりやすく、怒りっぽくてお腹が弱い。総じて、肝に関係する症状が出やすくなるため、肝のケアを中心に行うと健康につながります。

25ページから五行の特徴をまとめました。また「五行チェック表」で、愛犬が五行のどれに当てはまるか確認してみてください。

五行を元にした養生の例

愛犬が木行だと判明

↓

肝の養生が大切
（肝は目、筋、爪に影響する）

↓

肝をいたわる鶏レバー、目をいたわるブルーベリーを食材に取り入れる

木行は怒りっぽいので、ゆるませるツボやマッサージを行う

五行と臓器

	木	火	土	金	水
五臓	肝	心	脾	肺	腎
五腑	胆	小腸	胃	大腸	膀胱
五官	目（視覚）	舌（触覚）	口（味覚）	鼻（嗅覚）	耳（聴覚）
五華	爪	顔	唇	体毛	髪
五情	怒	喜	思	悲（憂）	恐
五体	筋・爪	血脈	肌肉	皮膚	骨髄

木行 のタイプ

良いところ

- 自信家で堂々としている
- 穏やかで知性的
- 新しいことにチャレンジするのが好き
- 独立心が高い

バランスを崩すと

- 怒りっぽくなる
- 感情の起伏が激しい
- 嫌いな人には攻撃的になる

＼ こんなタイプ ／

調子が良いときには堂々としていて独立心のある自信家タイプ。崩れると、怒りっぽくて周囲に攻撃的な、やっかいな番犬になります。

出やすい症状

・不眠
・かすみ目、視力の低下
・食欲にムラがある
・便が安定しない

火行のタイプ

良いところ

- リーダー気質
- 向上心が高い
- 華やかな雰囲気を持っている
- 警戒心が強い

バランスを崩すと

- 感情の起伏が激しい
- 熱しやすく冷めやすい
- 競争心が強い

出やすい症状

- 動悸、息切れがする
- のぼせやすい
- 舌に異常が出やすい
- 夏に体調を崩しやすい

＼ こんなタイプ ／

華やかな雰囲気を持つ社交家タイプ。場の中心にいるタイプです。崩れると、興奮しやすいがゆえに問題行動を起こしやすくなります。

土行のタイプ

良いところ

- 保守的な性格で安心・安全が好き
- 寝ることと食べることが好き
- あまり物事に動じない
- 世話好きな面がある

バランスを崩すと

- マイペースで人の言うことを聞かない
- 感情に乏しく見える
- 新しい場所や人が苦手

＼ こんなタイプ ／

周囲に流されないマイペースタイプで、あまり物事に動じません。崩れると、新しいものや人が苦手、活動性が低いといった面が出ます。

出やすい症状

- 食欲不振
- よく吐いている
- 軟便になりやすい
- 活動性が低い

金行のタイプ

良いところ

- 向上心が高い
- 冷静で判断力がある
- 好きなことには一直線
- マイペース

バランスを崩すと

- 人の話を聞かない
- 心配性
- 新しいものを受け入れるのが苦手

＼ こんなタイプ ／

きれいな見た目をしていて。プライドが高いタイプが多いです。冷静で判断力がある反面、人の話を聞かない一面も。心配性な面もあります。

出やすい症状

・くしゃみをよくする
・鼻水が出やすい
・便秘になりやすい
・呼吸がゼイゼイしがち

水行のタイプ

良いところ

- ひとりでいるのが好き
- 我慢強く、粘り強い
- 周囲の変化に敏感

バランスを崩すと

- 怖がりで臆病になりがち
- 表現力が乏しい
- 人見知りをしがち

こんなタイプ

マイワールドを持っていてひとりの時間も楽しめるタイプです。我慢強く、持続力・忍耐力があります。半面、臆病で人見知りの面があります。

出やすい症状

- 体力がない
- 歯に問題が多い
- 頻尿、膀胱炎になりやすい
- 極端な怖がり

五行チェック表

※いちばん該当するものが多いのが、愛犬の五行です

木行

- 舌全体が赤く、少し苔がある
- 目が腫れやすい、充血しやすい
- 朝の寝起きが悪い
- 爪が割れやすい
- オナラが多い
- 食欲にムラがある
- 下痢と便秘を繰り返す
- すぐに怒る
- 春先に情緒不安定になったり、体調が崩れる

火行

- 息切れをよくしている
- 前足、後ろ足を痛めやすい
- 寝ていてもすぐに目が覚める
- 舌先が赤い、舌がただれやすい
- テンションが上がりやすい
- 緊張しやすく、ドキドキしやすい
- 暑さに弱い
- 夏に体調を崩しやすい

土行

- 舌の苔が多く、舌ウラの血管が目立つ
- 皮膚に湿疹が出やすい
- 下痢と便秘を繰り返す
- 食欲がないときが多い
- ヨダレが多い
- 食べても太らない
- 天候が悪いと活動性が下がる
- 湿度の高い時期に体調を崩しやすい

金行

- 舌がピンク色
- 鼻水、くしゃみが多い
- 息が荒いことが多い
- 肌がカサカサしている
- 皮膚炎になりやすい
- 便秘がち
- よく水を飲む(のどが渇きやすい)
- 秋に体調を崩しやすい

水行

- 舌が白っぽく、苔が多い
- 疲れやすく、体力がない
- 足や腰を痛がることが多い
- 歯の問題が多い
- オシッコの回数が多い
- 排尿不順、膀胱炎の経験がある
- 怖がりで臆病
- 冬に体調を崩しやすい

飼い主さんと五行

犬に五行があるならば、飼い主さんにも当然五行があります。例えば、愛犬が木行で飼い主さんが水行だった場合。飼い主さんは愛犬のシモベになっている可能性もあるかも？ また、愛犬が火行で飼い主さんが水行なら、愛犬の良さを飼い主さんが打ち消している可能性も。気になる人は自分の五行をチェックしてみるといいでしょう。愛犬との関係におもしろい発見があるかもしれません。

五臓六腑とは？

五臓と六腑はお互い影響し合う

24ページで「五臓六腑」という言葉が出てきました。五臓とは「肝・心・脾・肺・腎」で、六腑「胆・小腸・胃・大腸・膀胱・三焦（気と水の通り道）」です。**五臓は内臓、六腑は食物を消化吸収するルート**と考えるとわかりやすいです。

五臓六腑は、五臓が裏、六腑が表の関係にあり、表裏の関係です。例えば、五臓の肝が痛むときは六腑の胆も弱くなるとされます。また、五臓は各器官、組織とも関係があります。肝が痛むと目がかすんだり、爪がもろくなったりします。

五臓と各器官

肝＝目＝筋＝爪

心＝舌＝脈＝面

脾＝口＝肌肉＝唇

肺＝鼻＝被毛＝毛

腎＝耳＝二陰＝骨＝髪

※二陰：外性器と肛門のこと

五臓六腑 対応表

五臓		六腑
臓・陰・裏	⟷	腑・陽・表
肝	⟷	胆
心	⟷	小腸
脾	⟷	胃
肺	⟷	大腸
腎	⟷	膀胱
心包	⟷	三焦

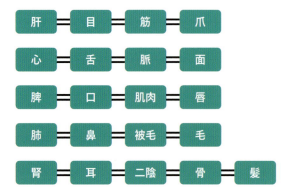

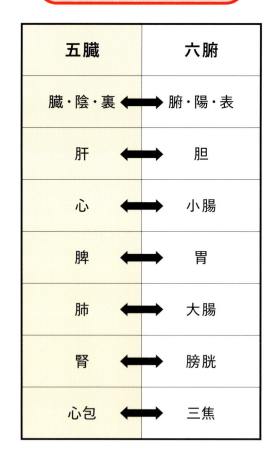

五臓六腑の役割

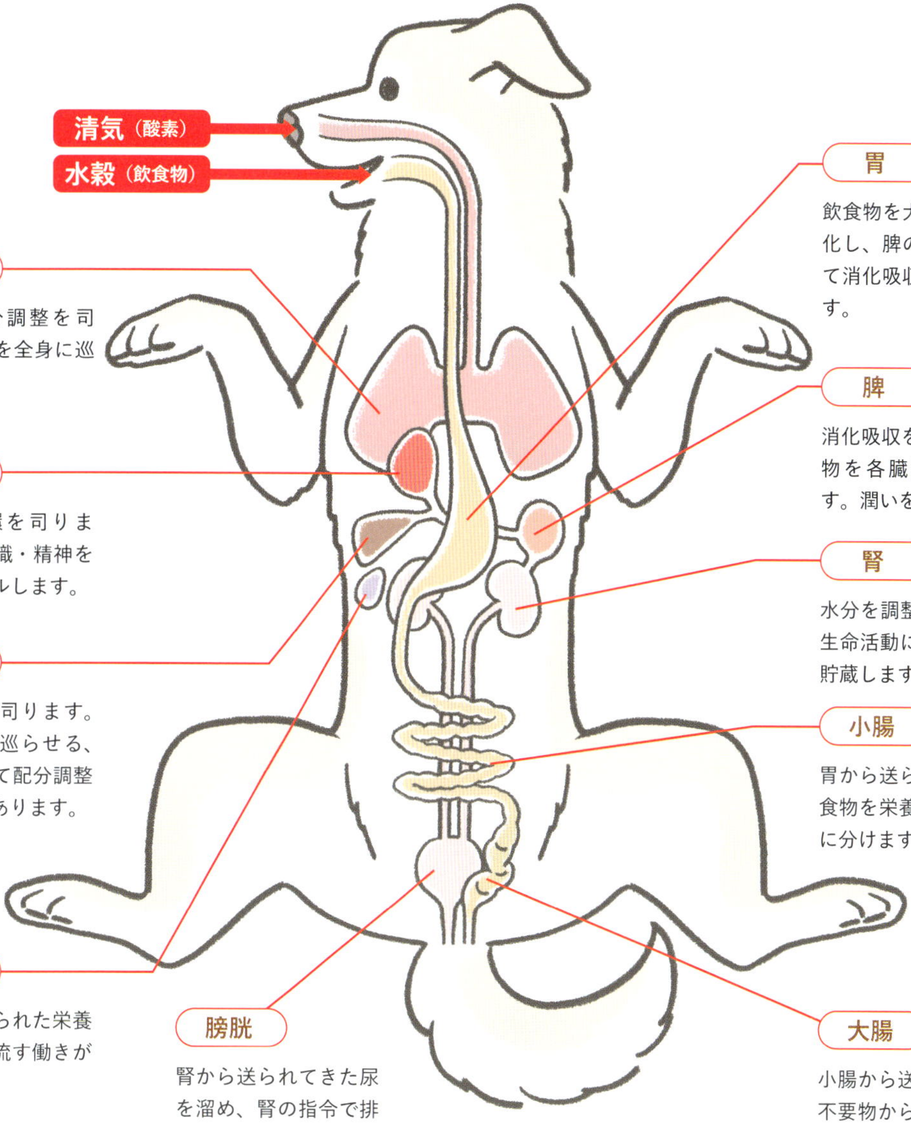

肺

呼吸と水分調整を司り、気と水を全身に巡らせます。

心

血液の循環を司ります。また意識・精神をコントロールします。

肝

自律神経を司ります。気を全身に巡らせる、血を貯蔵して配分調整する役割もあります。

胆

食物から得られた栄養素を全身に流す働きがあります。

膀胱

腎から送られてきた尿を溜め、腎の指令で排出します。

胃

飲食物を大ざっぱに消化し、脾の動きを助けて消化吸収を調整します。

脾

消化吸収を行い、栄養物を各臓器へ送ります。潤いを司ります。

腎

水分を調整し、成長や生命活動に関わる精を貯蔵します。

小腸

胃から送られてきた飲食物を栄養分と不要物に分けます。

大腸

小腸から送られてきた不要物から水分を吸収し、便を排出します。

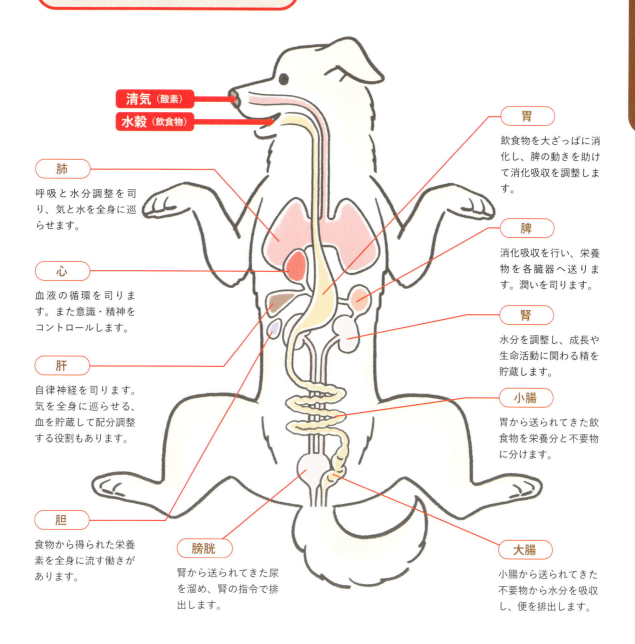

臓器と不調の関係

肝の不調

肝血虚

肝の蔵血が不足した状態

・運動機能が低下する
・四肢がしびれる
・爪が割れたり、変形する
・目が見えにくくなる

※肝の不調が続くと、気持ちが落ち込みやすくなる

心の不調

心気虚

心に供給される気が不足した状態

・循環器系の機能が低下し、動悸や息切れが起こりやすい

心陽虚

心気虚が進み、陽が不足した状態

・手足の冷え、頻尿などが起こりやすい

心血虚

心に供給される血が不足した状態

・循環器症状のほか、不安感増大、不眠などが起こりやすい

心陰虚

血に加え、津液も不足した状態

・のぼせ感、手足の不快な熱感を感じやすい

脾の不調

・全身の疲労感、食欲不振
・痰が出る
・むくむ
・味覚が鈍くなる
・唇の光沢がなくなる

肺の不調

・汚れた気を排出する動きが鈍る
→呼吸不全、せき、ぜんそく
・気、血、津液を運ぶ機能が鈍る
→むくみ、皮膚が荒れる、鼻づまり

腎の不調

・精を蓄える機能が鈍る
→発育不良、骨格がもろくなる
・水分を排出する機能が鈍る
→むくみ、頻尿、

いき過ぎた感情も体を痛める

ずっと怒ってたり、心配していたりすると、なんだか体調も悪くなる。そんな経験ありませんか？ 東洋医学では、いき過ぎた感情も五臓を傷つけてしまい、結果として健康を損なうと考えられています。それが右の一覧です。つまり怒りっぽい犬は肝を痛めやすく、怖がりの犬は腎を痛めます。喜び過ぎるというのは、なかなかクールダウンできずはしゃぎ続けるタイプの犬です。

・怒り過ぎは肝にダメージを与える
・喜び過ぎて有頂天になると心にダメージを与える
・思い悩み過ぎると脾にダメージを与える
・悲しみが過ぎると肺にダメージを与える
・恐怖が過ぎると腎にダメージを与える

飼い主さんができる養生とは？

性質に合わせた養生を！

根気よく続けることが大事！

ここまで、東洋医学とエイジングケアの関係を説明してきました。初めての単語が多くて戸惑った飼い主さんも多いでしょう。全部を覚える必要はありません。大事なのは下記の２点です。

❶ 愛犬がどの五行なのか知る
❷ 性質、季節に合わせた養生を行う

そして、**日々の養生を根気よく続けていくこと**。これがいちばん大事です。養生は続けてこそ効果が出ます。また、愛犬が若い頃にはわからなくても、**シニアになったときにはっきりと違いが出てくる**はずです。「未来の健康を今つくる」といった気持ちで続けていきましょう。

２章からは食、マッサージ、ツボ、運動に関しての具体的な養生のテクニックをお伝えします。そして、３章、４章は五行、季節に応じた養生の方法をご紹介しています。

キーポイントは腎！

エイジングケアで注目したいのが腎です。腎は精を貯蔵する場所。精は動物が生まれながらに持っているエネルギーで、生殖機能に関わるだけでなく、成長促進に影響します。また、老化防止にも作用します。腎が衰えると、疲れやすくなる、体が冷える、不眠などが起こりやすくなり、老化につながってしまうのです。五行、季節の養生に加え、腎の養生も積極的に取り入れましょう。

養生における飼い主さんの心得

心得❶
何事も〝適度〟が大事

江戸時代の学者・貝原益軒が書いた『養生訓』には、「養生もやり過ぎはよくない」と書かれています。例えば、体に良いものでも食べ過ぎると健康を損ないます。運動や散歩は大事ですが、あまりにも激しい運動は骨や筋肉を痛めます。何事も〝適度〟を目指しましょう。

心得❷
日々を楽しく過ごす

養生に気を取られて、愛犬と暮らす楽しみを忘れないでください。日々を楽しんで生き生きと生活することも、エイジングケアにとって大切です。養生も楽しみながらやるのがいちばんです！

心得❸
動物病院も積極的に使う

養生していても、愛犬がケガをしたり体調を崩すことはあります。そのときに「日々免疫を高めているから大丈夫、すぐに治る」と過信せず、動物病院を受診するようにしましょう。思いも寄らない原因が隠れていることもあります。日々の養生、そしてかかりつけの動物病院を上手に使いましょう。

心得❹
養生を習慣化するとよ良い

養生は毎日続けることが大事です。例えば、マッサージやツボ押しを就寝前のルーティンに組み込むなど、習慣化するとベストです。とはいえ、忙しい現代社会では難しいこともあります。1日できなかったからと落ち込まず、気長に続けていきましょう。

日頃の
エイジング
ケア 01

歯磨き前に唾液腺マッサージ

唾液の分泌を促してあげよう

唾液にはいろいろな働きがあります。殺菌作用や歯垢を洗い流してくれるなど、歯のトラブルを予防してくれます。犬は口内環境上、人より虫歯になりにくいものの、歯周病になりやすいといわれています。人は唾液の分泌量が減ると歯周病が悪化する傾向があり、それは犬も同じです。小型犬は大型犬に比べて歯周病が多く見られるのは、唾液の分泌量が大型犬よりも少ないからです。そこで唾液の分泌を促すマッサージを紹介。歯磨き（58ページ）前の習慣にしておくとより効果的です。

＼ 唾液腺マッサージのポイント ／

- まずは口周りを触られるのに慣れていることが大事（慣らし方は58ページを参考に）。
- 1日2回、朝晩の歯磨き前に行うのが理想的。
- 1箇所につき10～20回を目安にマッサージ。
- やさしく声をかけながら、スキンシップや遊びを兼ねるつもりで。
- 全部やらなくても、できる箇所だけでもOK。

準備編

唾液腺の出口を開く

マッサージでせっかく唾液の分泌を促しても、唾液が出てくる場所が開いていないと意味がありません。唾液腺の出口は上顎と下顎にそれぞれ1箇所ずつあります。まずは出口を開くためのマッサージから始めます。

上顎にある出口

上顎にある唾液腺の出口は、上の犬歯を0とすると、後ろに4つ数えた第四前臼歯の上にあります。その位置を意識して親指の腹を使って円を描くようにマッサージします。

マズルが短い犬

マズルが長い犬

下顎にある出口

下顎にある唾液腺の出口は、下の犬歯の裏側になります。その位置を意識して、親指の腹を使い、写真のように下から上に押し上げるようにマッサージします。

マズルが短い犬

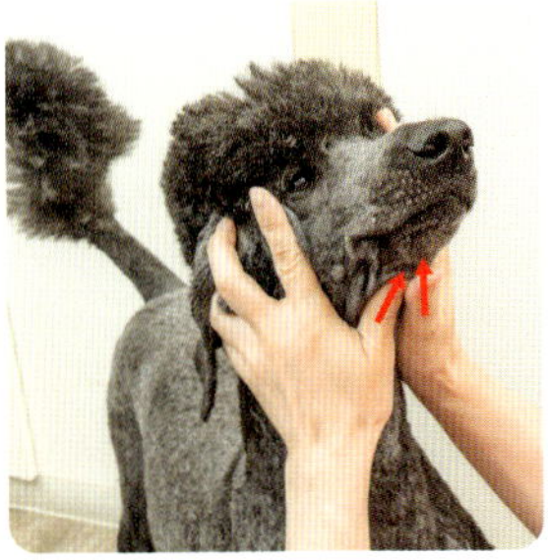

マズルが長い犬

STEP 1

頬骨腺をマッサージする

唾液腺は全部で4つあります。1つ目が頬骨腺です。位置としてはマズルの根元あたり。上顎の唾液腺の出口に向けて、親指の腹を使い、円を描くようにマッサージします。

マズルが短い犬

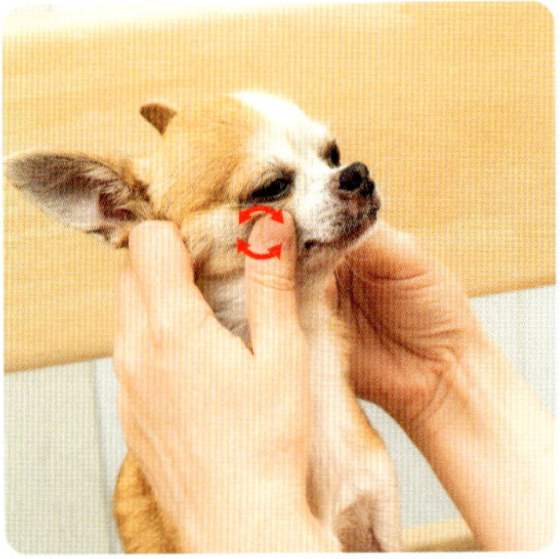

マズルが長い犬

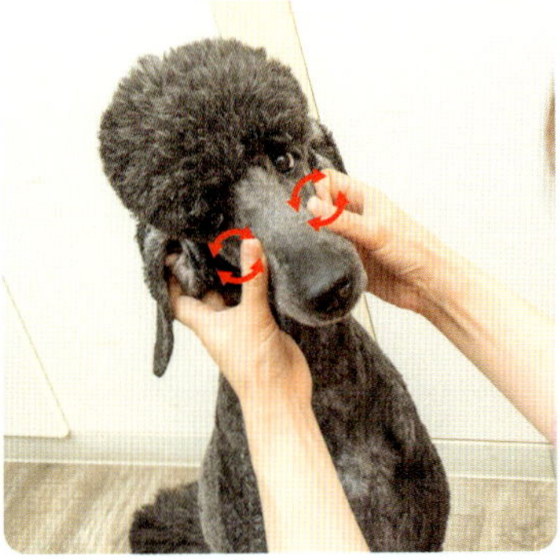

STEP 2

耳下腺をマッサージする

2つ目は耳下腺です。位置としては耳の付け根あたり。指で耳の付け根をもむようにしながら円を描き、上顎の唾液腺の出口に向かって押し出すようにマッサージします。両耳同時でも、片耳ずつ順番でも、やりやすい方法で行ってください。

マズルが短い犬

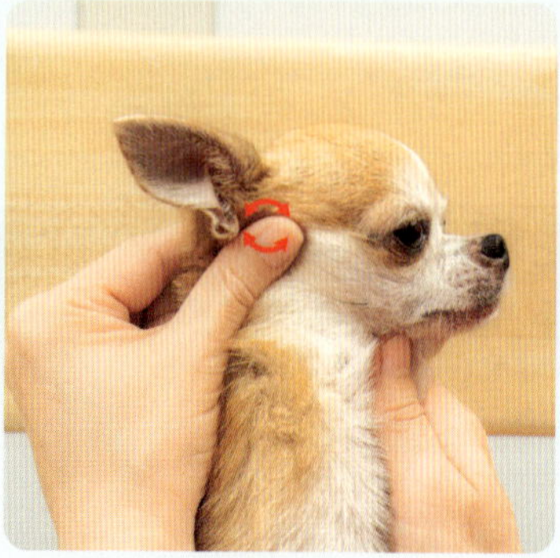

マズルが長い犬

STEP 3

下顎腺をマッサージする

3つ目は下顎腺です。位置としてはエラのあたり。下顎の唾液腺の出口に向かって押し出すようにマッサージします。

マズルが短い犬

マズルが長い犬

STEP 4

舌下腺をマッサージする

4つ目が舌下腺です。位置としては字の通りに舌の下にあたります。ここはマッサージすると苦しかったりするため、写真のように軽くつまんでひっぱるようにします。

マズルが短い犬

マズルが長い犬

STEP 5

最後に奥から手前へさする

1～4までのマッサージを終えたら、分泌された唾液を唾液腺の出口へ流れるように、奥から手前に向けてストロークします。

マズルが短い犬

マズルが短い犬

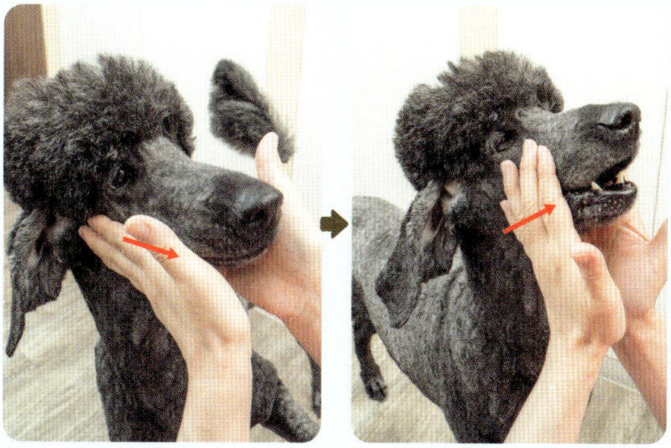

ミレー君日記

VOL.1

獣医師になりたての頃に先代のチワワのモネを飼い始めました。モネがいたからこそ今の私があります。モネから学んだことを活かすべく、ミレーには来た日から養生を実行しました。その内容を少しだけご紹介します。

Instagramに初めて投稿したミレー。迎えてから4箇月程度でした。

2016年

寝床も温かいものを用意しました。ミレーも気に入っていたようです。

ミレーは院内で日光浴するのが好きです。今もそれは変わりません。

1歳のミレーはまだまだ幼い顔つき。この頃から養生に取り組んでいます。

2017年

背中だけでなく体全体を触って、ボディチェックをよく行いました。

相澤先生の思い出話

迎えたときから、ベビーマッサージとして背中のマッサージを毎日行いました。来た時が秋だったので、体の冷えには注意しました。当時、よく使ったのは湯たんぽです。寝床全体の空気を温めるには最適なアイテムです。

第2章

エイジングケアの基本テクニック

食べ物、ツボ、マッサージそして運動・散歩と、エイジングケアのためには具体的にどのように行っていけばいいのか。基本のやり方を理解しておき、3章の五行のタイプ別や4章の季節ごとの養生に役立てましょう。

健康維持には日頃の食生活が大事

食べ物について

正しい食事は病気予防になる

食べ物から必要な栄養を摂って、体がつくられるのは、人も犬も同じです。健康を維持するためにも食べることは欠かせません。

東洋医学では、「気」「血」「津液」が過不足なく、体をうまく巡っていることが健康な状態と考えられています。そしてこれらを生成するにあたって**食べ物は重要な役割を担っている**のです。

生命活動のエネルギーの源となる「気」については15ページで紹介しているように、「先天の気」と「後天の気」と2種類あります。それぞれの具体的な内容は次の通りです。

先天の気

両親から受け継いでおり、生まれもって腎に蓄えられているもの。

後天の気（生まれてから補うもの）

〈清気〉

酸素に相当するもので、自然界のきれいな空気のこと。

〈水穀の精微〉

食べ物や飲み物が脾や胃で消化吸収されたのち、栄養物質になったもの。

脾や胃で吸収された水穀の精微（栄養物質）は、「気」だけでなく、体を構成するのに欠かせない「血」「津液」の生成にも使われているのです。

食べ物は口に入れられるものであれば何でもよいわけではありません。東洋医学では「食は医なり」といわれています。**正しい食事をして食べ物の栄養を有効に摂取することは、病気を予防することにもつながる**という考え方です。そのためには日頃の食生活から気をつけておきたいもの。それが「食養生」というものなのです。

愛犬の食生活は飼い主の責任

人の場合、どのようなものを食べたらいいのかなと食事の内容を選ぶのも、食べ過ぎないようにと腹八分目でやめておこう、などと自分で考えて調整することは可能です。でも、犬の場合は、食べる内容も量も、飼い主さんが選んであげなければなりません。３章や４章で、五行の体質や季節に合わせたオススメの食材を紹介します。具体的なやり方は46ページを参考にしてください。

「楽しく食べる」というのも、食養生においては大切なことです。人なら楽しく会話をしながら食事する、というようなもの。犬の場合であれば、楽しくコミュニケーションをとりながら、例えばオスワリやフセなどができたら、ごほうびとしてあげると良いでしょう。

そして、後天の気がつくられる要素として、もうひとつ欠かせない、**きれいな空気を吸うことも意識**しておきます。とくに朝の清々しい空気はオススメです。愛犬とともに朝の散歩を楽しむのというのにはそんなメリットがあるのです。

食養生の考え方

季節のもの（旬のもの）を食べる

本来のおいしさを味わえるだけでなく、その季節に必要な栄養が含まれています。

楽しくおいしく食べる

楽しい雰囲気の中で食べることも、おいしく食べるためには大切です。

おいしい空気を吸う

きれいな新鮮な空気を吸うことも、気の質を高めて保つためには欠かせません。

性味《せいみ》について

中医学の考えに基づいて、食材の持つ効能を取り入れた食事を薬膳といいます。それぞれの食材ごとに五つの「性（性質）」と五つの「味」に分けており、薬膳ではこれらを活用しています。「性」は食物の性質のことで、それが体を温めるのか、冷やすのかを示します。「味」は食物の働きのことで、五つの味と五臓とは密接な関係にあると考えられています。

五《ご》性《せい》

熱性	体を温める（体の冷えをとる）
温性	↑
平性	
涼性	↓
寒性	体を冷やす（体の熱を下げる）

五《ご》味《み》

酸味	肝を補う
苦味	心を補う
甘味	脾を補う
辛味	肺を補う
鹹味	腎を補う

始めてみよう！

基本はフードにトッピングでOK

愛犬の毎日の食事に薬膳を取り入れるのは、なんだか難しそう。ごはんを手作りにしなくちゃいけないのかしら、と思うかもしれません。そんな心配はしなくても大丈夫です。

手作りごはんは、カロリーだけでなく、犬の健康維持に必要となる栄養をきちんと勉強しなければなりません。また、毎日手作りするというのは時間も手間もかかるため、なかなか大変なもの。その点、総合栄養食であるドッグフードは、犬に必要な栄養バランスを考えてつくられています。手軽に与えることができるので、日常的にドッグフードを食べさせているお宅が多いと思います。そこで、ドッグフードの栄養バランスを崩さないようにして、**五行と関連するものや季節に合わせた旬の食材をトッピング**するカタチであれば、取り入れやすいでしょう。具体的なやり方は以下の通りです。この方法ならドッグフードの栄養バランスを崩す心配はありません。

1 1回分のフードを用意する

愛犬にいつも与えている1回の量のフードを器に入れる。

2 フードをひとつまみ取る

器に入れたフードを写真のように、ひとつまみ分取り除く。

3 抜いた分と同じ量を足す

ひとつまみ取った分と同じ量の食材をフードにトッピングする。

食材に合わせて調理する

トッピングするにあたって、加熱する必要があるものは、電子レンジを利用したり、鍋でゆでるなどします。生で食べられるものであれば、そのままで。そのほうが食材の持つ栄養を壊さない場合があります。

加熱する

鶏レバーなど

生のまま

キュウリ、ナシなど

食べやすく切るか、つぶす

人と違い、犬は歯の構造や野生時代の習性から、食べ物を噛まずに丸飲みして食べるのが普通です。トッピングする食材は基本的に犬が食べやすく、消化しやすいよう細かく切ってあげるようにします。ただ、中には細かく切っていても、そのままウンチに出てしまう犬もいます。ニンジンやサツマイモなど、そのままウンチに出てしまうようなら、つぶしてあげると良いでしょう。

アレルギーに気をつける

五行の「火」に適した食材として、トマトを紹介（68ページ）していますが、犬によっては食べるとアレルギーを起こす場合があります。ブタクサやシラカバ、スギの花粉にアレルギー反応を持っている犬は、交差反応によってトマトでアレルギーを起こしやすいといわれています。アレルギーを持っている場合は、無理に与えないようにしてください。

ツボについて

ツボを刺激して体調を整える

生き物の体を構成するのに欠かせない要素である「気」「血」「津液」を運ぶのが、全身に張り巡らされている「経絡」です。**ツボ（経穴）は、この経絡上に点在**しています。**押したときに痛みやひびくような感覚を示す箇所**がツボです。

経絡は表裏の経絡や表裏の臓腑と結びついているので、気、血、津液の巡りが滞ると関連した臓腑に不調が起こると考えられています。**ツボを刺激することは、気、血、津液の巡りをよくし、体調を整えるのに役立ちます。**

ツボには主治と作用がある

主治とは…そのツボを刺激することで期待される治療効果の高いもの

作用とは…そのツボを刺激することで関連する経絡に対して働くもの

例えば、足三里（74ページ）の場合

主治　胃痛、嘔吐、消化不良、下痢、めまい、疲労など

作用　健脾和胃《けんぴわい》～脾胃を健やかにし和ませる
通経活絡《つうけいかつらく》～経絡に活力を与えて気血の通りをよくする

基本のやり方

ツボに刺激を与えるにあたって、いきなり力を入れると犬は驚いてしまいます。次の3つのステップで行いましょう。

STEP 1
1,2,3のカウントでツボに刺激を加えていく。3の時点で痛いのと気持ち良いのが半々くらいの感覚になるように意識する。

↓

STEP 2
刺激を加えた状態のまま3秒間キープする。

↓

STEP 3
3,2,1のカウントでツボに当てている指の力を抜いていく。

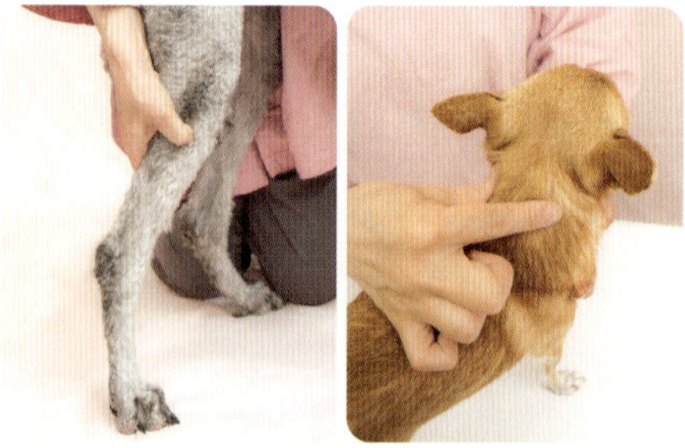

ツボを押すのは親指か、場所によっては人差し指を使います。力を入れるのは指先ではなく指の腹で。

力加減は犬に合わせて

体の大きさによっても力の入れ具合は違ってきます。同じ力で押しても、小型犬だとその力が強くて、ただ痛いだけかもしれません。反対に、大型犬だと弱すぎて、ツボの効果を得られないことも。力加減は犬に合わせるようにします。犬の大きさ別の目安をあげてみましたが、痛みの感じ方には個体差もあります。犬に合わせてあげましょう。

※はかりがあるなら調べてみると感覚がわかります。

大きさ別の目安

小型犬	200gくらい
中型犬	400～600gくらい
大型犬	1～2kgくらい

リラックスしているときに行う

1日のうち、どの時間帯に行うのがベストというものはありません。時間帯というよりもタイミングが大切。人が疲れていたり、犬が寝ているのを無理に起こしたり、遊びたくて興奮しているときに無理に押さえつけたりしてまで行う必要はないのです。ライフスタイルに合わせて、お互いがリラックスしているタイミングで行うのがベストです。

短時間でも毎日やるのが理想的

本書で紹介するのは日々の養生のために行うものなので、毎日やってあげるのを心がけておくと良いでしょう。お互いがリラックスしているタイミングで隙間時間があったら、ほんの1～2分で良いのです。今はこのツボを刺激したら、次の隙間時間には別のツボを行う、というように意識しておきます。

家族で練習してみよう

ツボの効果を発揮させるためには、力を入れた時に痛いのと気持ち良いのが半々になるようにします。相手が人なら「それがちょうど良い」と言ってもらえますが、犬には聞くことはできません。その感触をつかむために、家族や友人に手伝ってもらい、相手に確認しながら練習すると良いでしょう。練習を繰り返すうちに、痛いのと気持ち良いのが半々ぐらいになる力具合がわかってくるものです。それを犬に応用します。

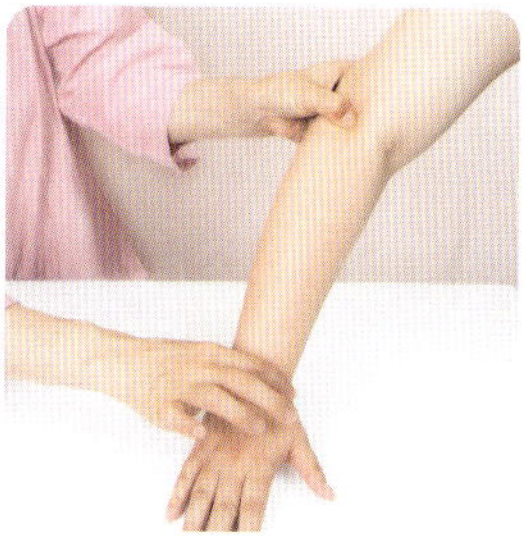

ツボを押したときに、相手が痛いと気持ち良いが半々になる感触を練習してつかみます。

全身さまざまなところに点在する

ツボの位置を知っておこう

全身に十四ある経絡の上にツボがあります。ここではわかりやすいようにと経絡は入れずにツボの位置だけを示すようにしました。参考までに、本書で紹介していないツボも載せています。

❶ 手三里《てさんり》

前足の肘の外側。
（82ページ）

❷ 郄門《げきもん》

前足の内側で２本の骨の間。足首から肘の間の12分の５の場所。
（70ページ）

❸ 内関《ないかん》

前足の内側で２本の骨の間。足首から肘の間の６分の１の場所。
（70ページ）

❹ 合谷《ごうこく》

前足の内側にある第１、２指間。
（78ページ）

晴明《せいめい》

目頭のところ。（97ページ）

迎香《げいこう》

左右の小鼻の横にある小さなくぼみ。
（110ページ）

頬車《きょうしゃ》

頬でややへこみがある部分。
（74ページ）

大椎《だいつい》

首の付け根。（111ページ）

中府《ちゅうふ》

肩関節の内側。
（78、111ページ）

尺沢《しゃくたく》

前足の肘の内側。
（78ページ）

曲池《きょくち》

前足の肘の外側からやや下がったくぼみ。

膻中《だんちゅう》

胸骨の半分の半分（上から4分の1）の位置。
（103ページ）

神門《しんもん》

前足の足首にある小さい肉球の内側。
（74ページ）

労宮《ろうきゅう》

前足のもっとも大きな肉球の付け根部分。
（96ページ）

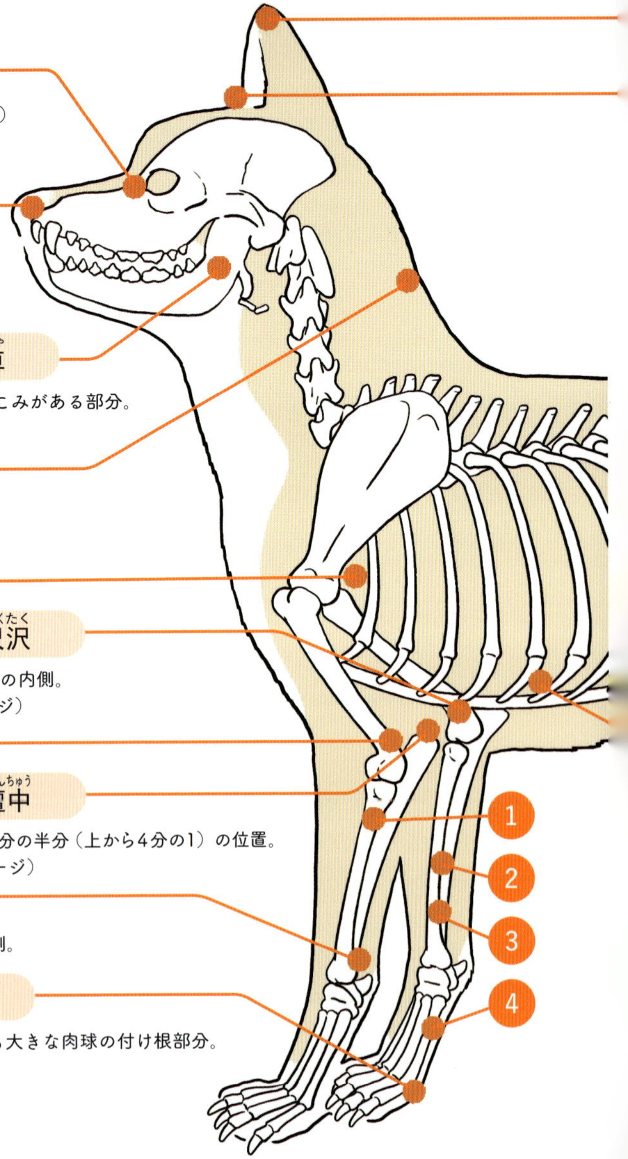

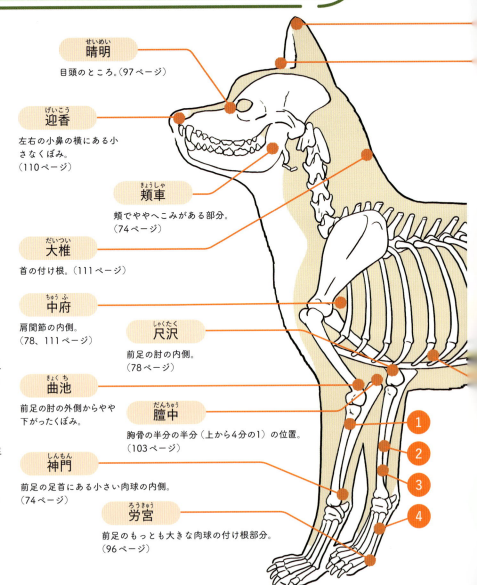

耳尖《じせん》

耳の先端。（97ページ）

頭《あたま》の百会《ひゃくえ》

頭頂部。（66ページ）

腎兪《じんゆ》

第二腰椎から1cm程外側にあるくぼみ。（117ページ）

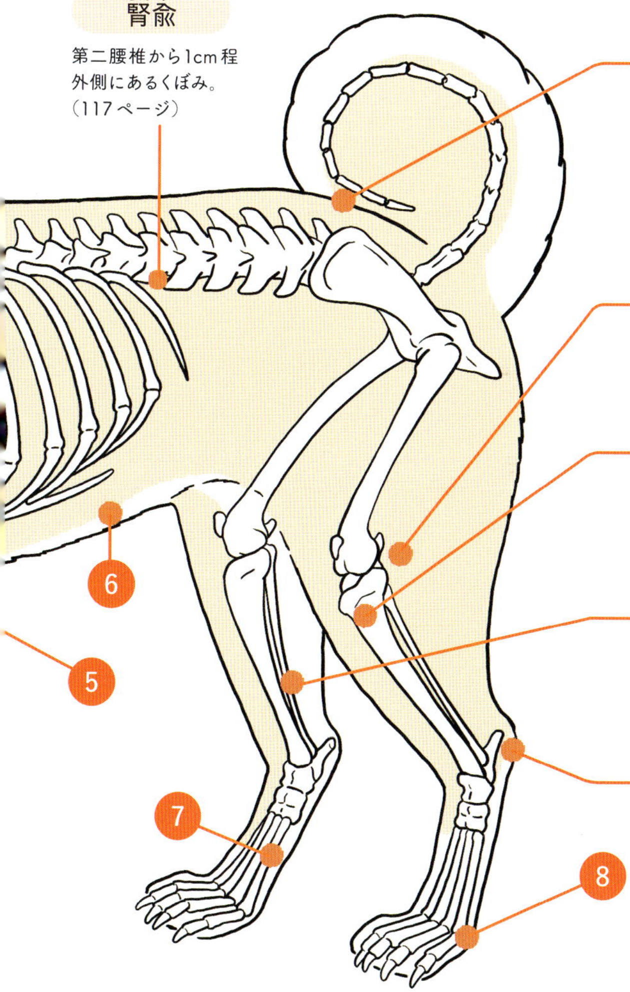

腰《こし》の百会《ひゃくえ》

骨盤のいちばん広い部分と背骨が交わる位置。（117ページ）

委中《いちゅう》

後ろ足の膝の裏側。（82ページ）

足三里《あしさんり》

後ろ足の膝の外側の少し斜め下。（74、102ページ）

三陰交《さんいんこう》

後ろ足の内側のくるぶしと膝の間で下から5分の2の場所。

失眠《しつみん》

踵からやや下がった場所。（70ページ）

5 期門《きもん》

第6肋間、乳頭のライン。（66ページ）

6 中脘《ちゅうかん》

みぞおちとおへその真ん中。（103ページ）

7 太衝《たいしょう》

前足の2番目と3番目の指の間。（66ページ）

8 湧泉《ゆうせん》

後ろ足のもっとも大きな肉球の付け根部分。（82、116ページ）

健康保持・促進に役立つ

マッサージについて

いろいろな良い効果が期待できる

マッサージをしてもらって、血行が良くなり、体がほぐれると実感したことはないでしょうか。犬の場合も**マッサージを行うことで、さまざまな良い効果がある**といわれています。若い頃から行ってあげると、健康の保持、促進につながります。

日頃のコミュニケーションの中で、愛犬のことを撫でたり、さすったりとスキンシップを取ることは多いと思います。それらの延長上にマッサージがあると考えると良いでしょう。**飼い主さんとの絆を深めることにもなる**のです。

東洋医学の理論に基づいたマッサージを病気の改善を目的として行う場合は、気、血、津液を全身に運ぶ、「経絡」の流れに沿って行うことが基本となります。３章の五行それぞれに合わせたマッサージのところでは、関連する「経絡」を載せています。ただ、本書で紹介するマッサージは、病気の改善を目的にしているのではなく、**養生であり、あくまでもリラクゼーションが目的**です。そのため、経絡の流れに沿ったり、流れに逆らったり、と両方を駆使しながら行っていきます。

愛犬にマッサージを行うことは、究極のスキンシップといえるでしょう。

マッサージをすることで犬だけでなく人も幸せに

愛犬にマッサージをしてあげることは、お互いの絆を深めるだけではありません。マッサージをされた犬は“幸せホルモン”と呼ばれる「オキシトシン」が多く分泌されるとわかっています。犬だけではなく、なんと、マッサージをした人のほうがより多くのオキシトシンが分泌されたとの報告があります。ペットのマッサージは、ペットのためでもありますが、同時に人も一緒に幸せになれるのだと、そんな気持ちで楽しく行いましょう。

まずは犬が喜ぶ場所を触って
コミュニケーション！

　マッサージを行うにあたっては、体を触られるのに慣れさせておく、マッサージをする人のことを好きになってもらうというのが大切です。苦手だな、嫌だなという気持ちで行っても、犬の緊張がほぐれないというもの。そこで、多くの犬が触ってもらうと喜ぶところを２箇所紹介します。犬の様子を見ながら触って、まずは体に触られること、マッサージする人のことを好きになってもらいましょう。

喜ぶ場所その❶　尻尾の付け根

　尻尾の付け根のあたりを触ってもらうと喜ぶ犬は多くいます。どうして喜ぶのかというと、この場所は犬の性感帯といわれているからです。触り方は犬の体の大きさや個体差によって好みが違っています。例えば、小型犬なら、くすぐるように軽くさすってもらうのが好きな犬もいれば、大型犬なら、ワシワシとダイナミックに触ってもらうのが好きな犬もいます。犬の様子を見ながら、どんな触り方が好きなのか探ってみてください。

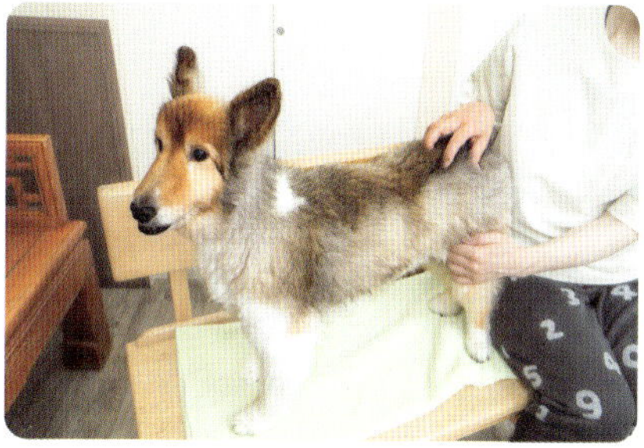

いろんな触り方を試してみて、犬が気持ち良さそうな表情をしているか確認してみよう。

喜ぶ場所その❷　耳根部

　多くの犬が触られると喜ぶもうひとつの場所は、耳の根元にあたる、耳根部です。東洋医学では、耳の付け根には体全体のツボが集まっているといわれています。なので、ここをマッサージされると全身に作用して気持ちが良いと感じる犬が多いのです。また、外耳炎を患っている犬は意外と多く、そのため耳の根元を触られるのを好むというケースもあります。犬が痛気持ち良いと感じるくらいの力加減で、もみほぐしてあげます。

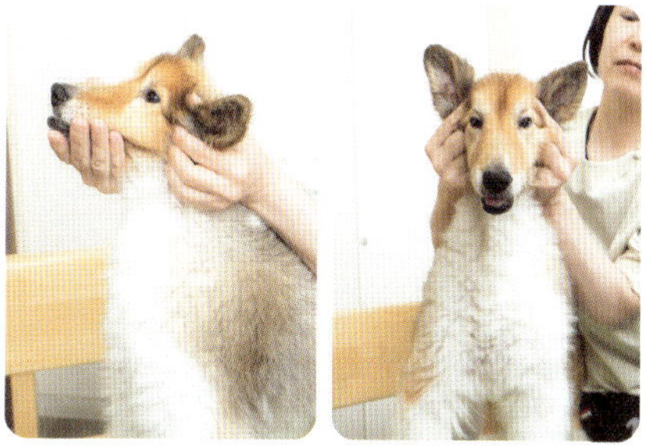

片方ずつでも両方同時でも構いません。やりやすい方法で耳の根元をマッサージします。

マッサージを毎日の習慣に

ポイントをおさえて始めてみよう

力は強過ぎず軽過ぎず まんざらでもない表情が目安

マッサージを行うにあたって、体に当てた手を動かす力加減は、ソフトタッチ過ぎても効果はありません。かといって力を入れ過ぎてしまうと、痛みを感じてしまいます。加減は難しいかもしれませんが、**ソフトタッチよりもやや強めを意識**します。マッサージされている犬の表情で確認してみましょう。うっとりとろけているような表情ではなく、**まんざらでもない表情が目安**です。

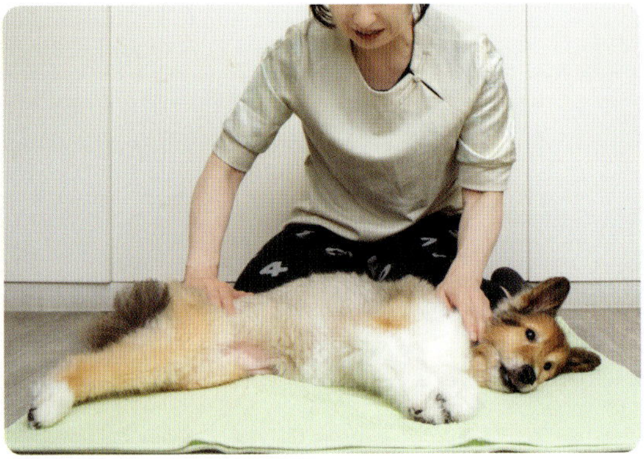

犬の表情を見ながら、マッサージする際の力加減を調整していきましょう。

最初は短い時間から 慣れてきたら時間をのばす

いくらコミュニケーションのためにと思っても、いきなり長時間マッサージをされたら、愛犬が体を触られることを嫌になってしまう可能性があります。

マッサージをされることに慣れていない犬であれば、なおさらのこと。**最初は5分くらいで良いので短い時間から**始めるようにします。そして**毎日行ってあげる**のが大切です。慣れてきたら犬の様子を見ながら少しずつ時間をのばしていきます。

犬が慣れるまでは決して無理せず、短時間で終わらせることが大切です。

目的に合わせて
行うタイミングを考える

本書で紹介するマッサージは、１日のうち、**朝昼晩のどの時間に行っても構いません**。ただ、中には**目的に合わせてタイミングを考えたほうが効果的という場合があります**。例えば、最近なんか寝つきが良くないなと思ったら、寝る前にやってあげる。今日１日、元気を出してもらおうと思ったら午前中にやってあげると良いでしょう。ただし、人が見て、明らかに元気がなくて具合が悪そうと思えるときは、犬は相当調子が悪いと考えられます。マッサージで解決しようとせず、必ず動物病院で診てもらうことが大切です。

さまざまな道具を利用してもOK

最近はペット用のマッサージに使えるグッズもいろいろ市販されています。小型犬であれば、豚毛の歯ブラシを使うのも良いでしょう。また、かっさ（刮痧）といわれる専用のプレートを使って行う、かっさマッサージというのもあります。小さめの靴べらでも代用可能です。

かっさ専用の２種類のプレートと靴べら（左）。

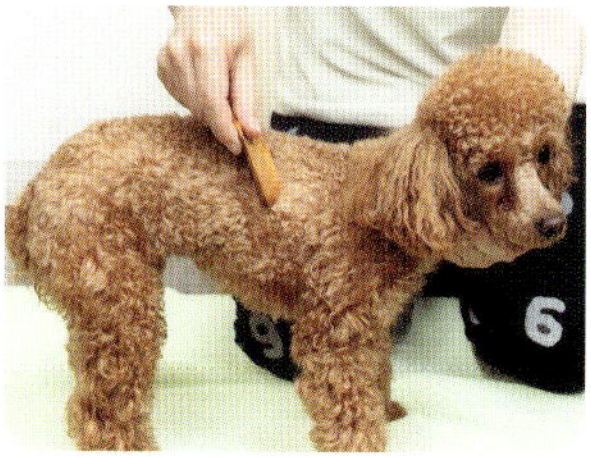
かっさは斜め45度くらいの角度で犬の体に当て、毛の流れに沿ってさすっていきます。

使いやすいものを選んで上手に活用しましょう。

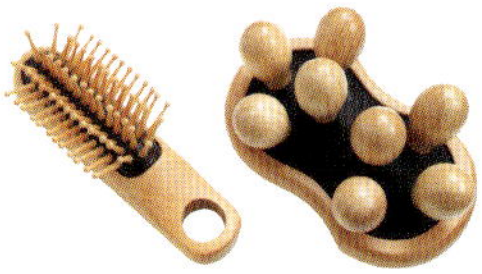
ブラシタイプのものなどいろいろな種類があります。

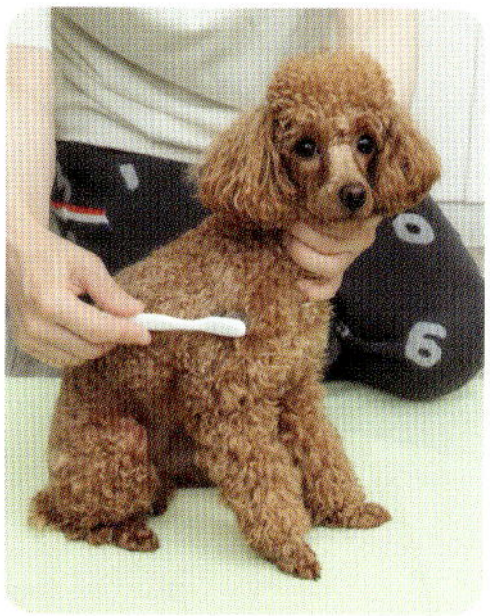
歯ブラシもマッサージに使えます。

長時間歩くのは体を痛める

運動・散歩について

痛めた足腰はシニアで悪化しがち

「犬にとって肥満はよくない」は、飼い主さんの共通認識だと思います。そのため、なるべく長い間散歩や運動をさせたいと考えてしまいがち。

しかし養生の観点からいうと、**激しい運動や長い散歩は足腰を痛める原因**となります。一度痛めてしまった足腰は、年齢を重ねてさらに痛みが出てくる可能性が高くなります。そうすると痛み止めを処方するしか方法がありません。**若い頃から痛めないように過ごすことが大事**なのです。

ありがちなのが、普段は短い散歩なのに、休日に何時間も歩くこと。飼い主さんと一緒がうれしいので犬はどんどん歩きますが、慣れていないため足腰を痛めてしまうのです。休日が明けてから「犬が足を引きずるようになった」と来院する飼い主さんも少なくありません。

散歩で足腰を痛めやすい犬種

トイ・プードル、チワワ、ポメラニアン
フレンチ・ブルドッグ、コーギー、
ゴールデン・レトリーバー など

愛犬の運動量を稼ぎたいのならば、１時間歩くのではなく、例えば**30分の散歩の中にダッシュ、小走りを小刻みに入れる**などしたほうが効果的です。また足腰を鍛えるならば、マッサージに**足の屈伸を取り入れる**のも良いでしょう。

✕
- 何時間も延々と歩き続ける
- 長い時間走らせたり、ジャンプをする

○
- 短時間の散歩を複数回行う
- 短い時間のダッシュや小走りを入れる

養生の観点から見た理想の散歩

散歩中に外気浴をする

小型犬は長時間歩くと、足腰を痛めがち。とはいえ、外に出るのが好きな子も多いでしょう。そういう場合は、公園のベンチなどに座って外気浴を取り入れましょう。日光を浴びるとセロトニンが分泌されるので、飼い主さんも愛犬も幸せな気持ちになれるはず。愛犬の「外に出たい」という欲求も叶えられます。

散歩は複数回に分けると満足度アップ

1時間ずっと歩くと、どうしても足腰に与える負担は大きくなります。15分の散歩を4回というように、短時間で複数回にしてみると良いでしょう。その中で短い時間のダッシュや小走りを取り入れます。何度も外に行けるので、外が大好きな活発な犬も満足度が高くなります！

日頃の
エイジング
ケア 02

歯磨きを習慣にしよう

歯は東洋医学では腎と関係する

東洋医学では、「歯は骨の余り」といわれています。骨は五行において「水」に属し、五臓六腑の五臓では「腎」と関連します。腎は生命エネルギーに深く関係しているだけに、若い頃から歯を大切にしなければならないというのがわかります。犬に多いといわれる歯周病は、進行するにつれさまざまな症状を引き起こします。歯や歯茎だけの問題ではなく、歯周病菌が顎の骨を溶かしたり、心臓にも影響を及ぼすことにもなるのです。歯周病予防のため、毎日の歯磨きを心がけましょう。

歯磨きのポイント

- 愛犬が好むフレーバーがついたペーストやジェルを利用すると受け入れてもらいやすい。
- ペーストがなければ水をつけるだけでもOK。
- 朝晩の１日２回、１回２分が理想的。
- 慣れるまでは、いっぺんに磨こうとせず、少しずつ分けて磨いていく。
- 口のにおいもチェック。不快なにおいがしたら動物病院で相談を。

口を手で触る練習から始めよう

いきなり歯ブラシで磨こうとすると、嫌がる犬も中にはいます。歯磨きを苦手にさせないためには段階を経ていくことが大事です。ごほうびを用意しておき、まずは口を触られることに慣らす練習をしましょう。

STEP 1 口の周りを触る

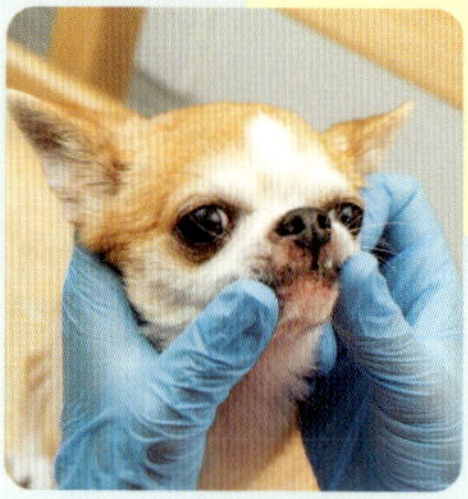

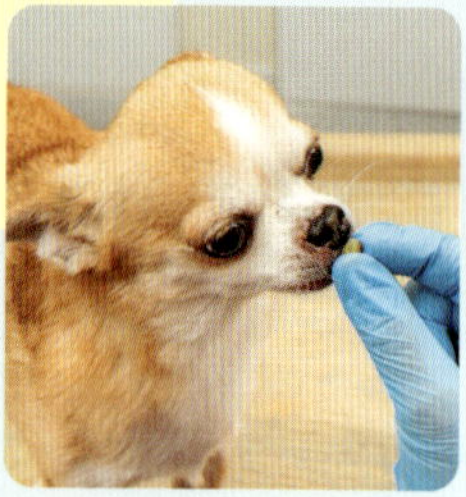

犬の口の周りを触って、犬がおとなしく触らせてくれたら「おりこう」とほめて、ごほうびをあげる、を繰り返します。

STEP 2 唇をめくる

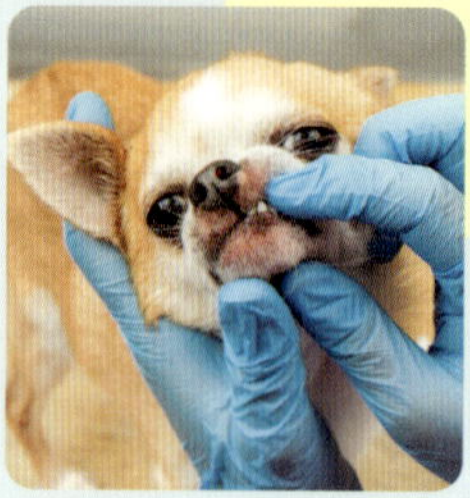

STEP1で口の周りを触られることに犬が平気でいられたら、次は唇をめくってみます。おとなしくできたら、ほめてごほうびをあげる、を繰り返します。

STEP 3 歯茎に指を当てる

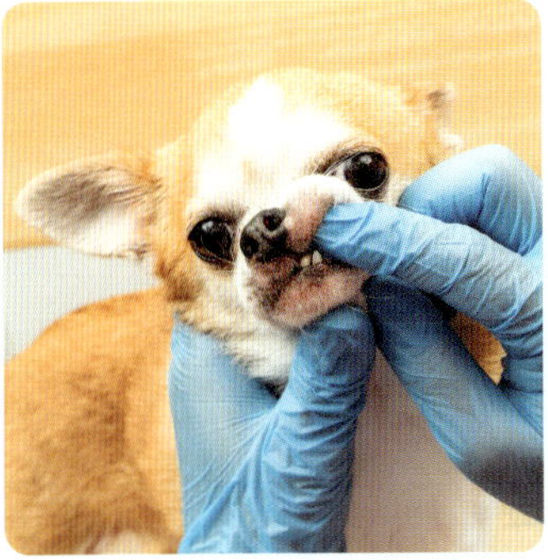

唇をめくることに犬が平気でいられたら、唇をめくったまま、指で歯茎にタッチして、すぐに歯茎から指を離します。おとなしくタッチさせてくれたら、ほめてごほうびをあげる、を繰り返します。

マズルの長い犬も同様に

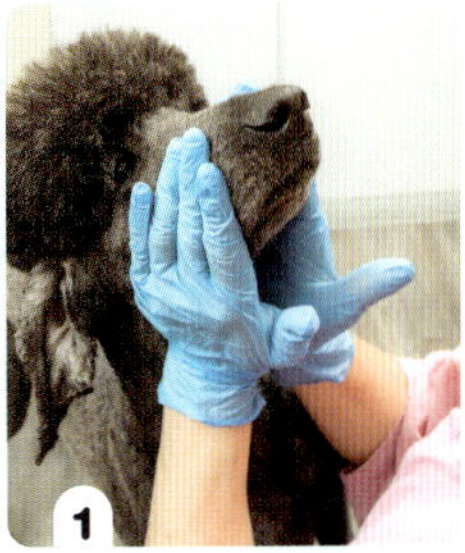
1

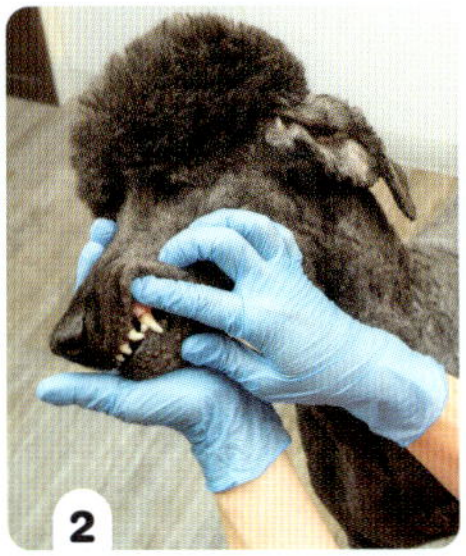
2

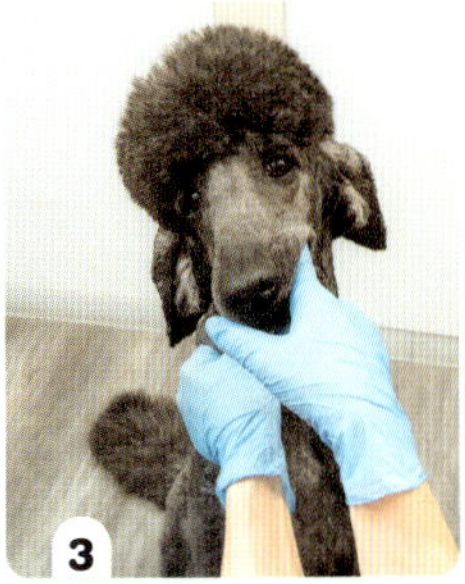
3

口の周りを触るところから始めて、唇をめくる→歯茎をタッチ→歯茎を触る時間を長くする→指で擦れるように、と段階を経て慣らしていきましょう。

STEP 4 歯茎を触る時間を長くする

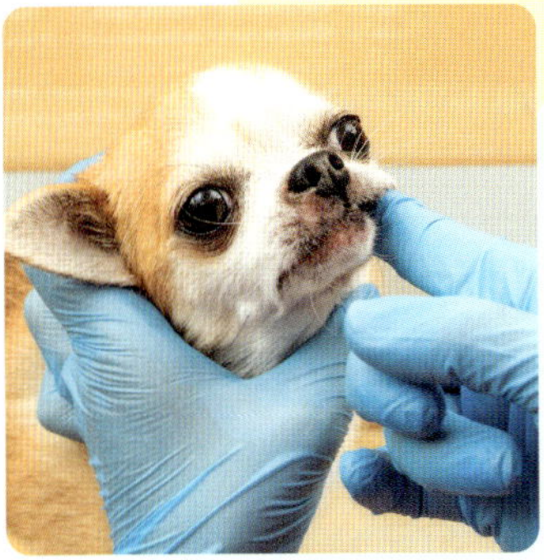

歯茎を触る時間を少しずつ長くしていきます。ほめてごほうびをあげることを繰り返して、口全体を触れるようにしたら、指にペーストやジェルをつけて擦れるように慣らします。おとなしくできたら、ほめてごほうびをあげる、を繰り返します。

口の中に手を入れられることに慣れてきたら

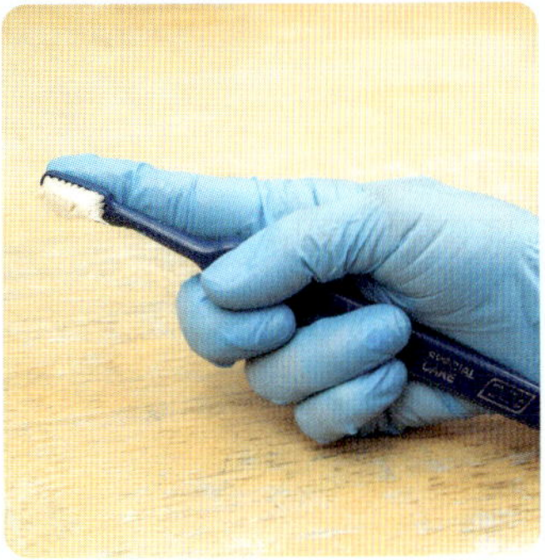

STEP4で指で歯を擦ることを何度か繰り返して、犬がすっかり慣れてきたら、いよいよ歯ブラシを使います。最初は写真のように歯ブラシの背に人差し指を添えて、歯ブラシと指を一体化させるようにして持ちます。

歯ブラシを使って磨いてみよう

前ページで口の周りや中を触られると、ほめられてごほうびがもらえる、良いことがある、と犬に覚えさせたら、歯ブラシを使う段階に進めます。ここでもいきなり磨くのではなく、少しずつ慣らしていくことが大切です。

1 歯ブラシで歯にタッチ

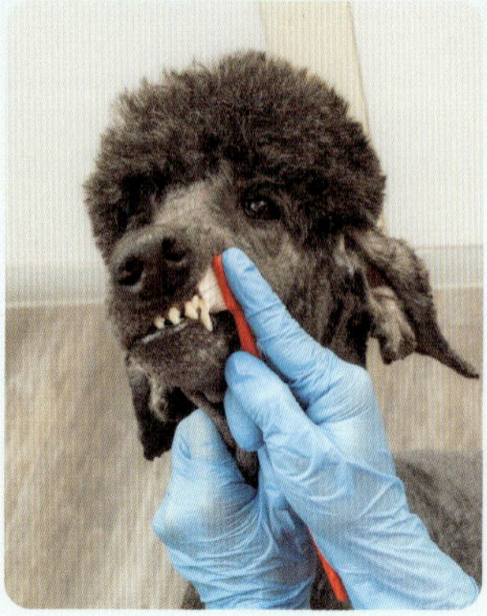

歯ブラシを犬歯など当てやすいところに当てる。最初はすぐに離して、おとなしくできたら、ほめてごほうび、を繰り返します。当てる場所も少しずつ変えていき、当てる時間も徐々に長くしていきます。

2 奥のほうへ歯ブラシを入れてみる

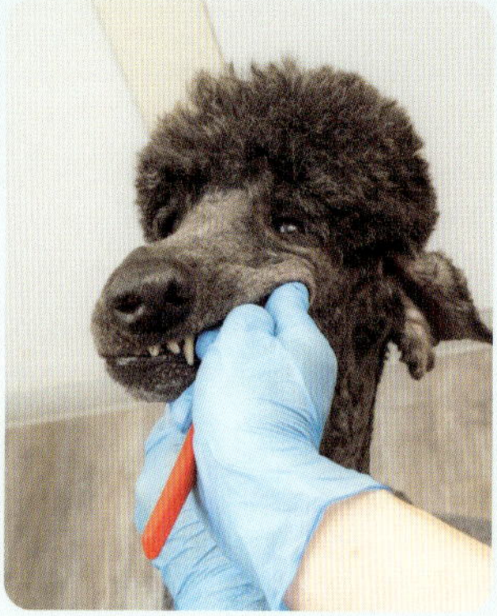

❶をされることが平気になったら、歯ブラシを奥へと入れてみます。右奥の上、下、左奥の上、下と少しずつ慣らしていきます。

3 マズルを軽くおさえて磨く

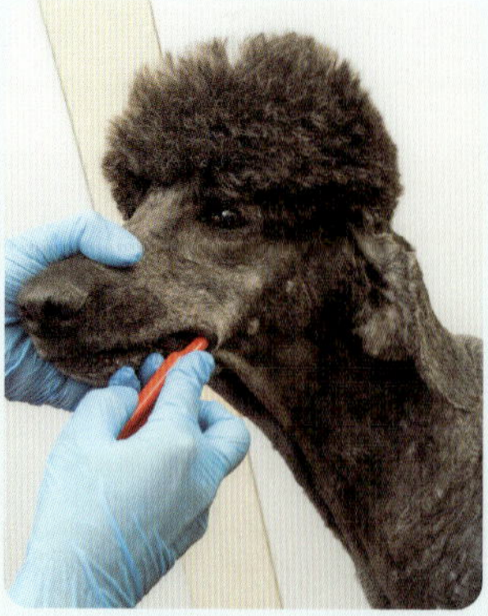

❷で口の奥へ歯ブラシを入れられることが平気になったら、マズルを軽く抑え、口を閉じるようにします。口を閉じた状態で軽く歯ブラシを動かします。

4 おさえた手を少しゆるめて磨く

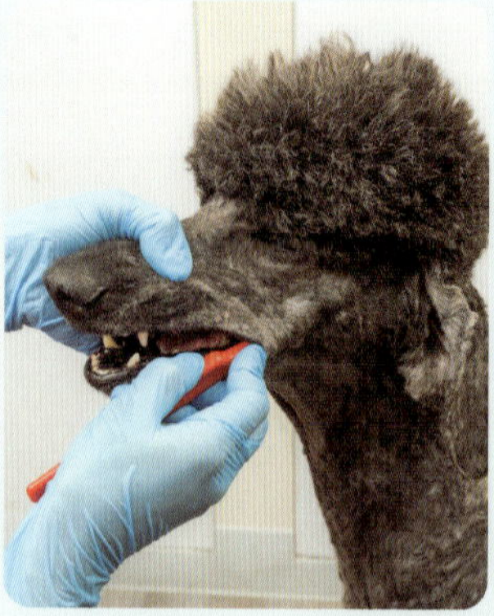

マズルをおさえた手を少しゆるめると、多くの犬は奥に入っている歯ブラシをハグハグと噛むので、そのときに歯ブラシを動かして奥歯を磨きます。

5 歯の形に合わせて磨くイメージを

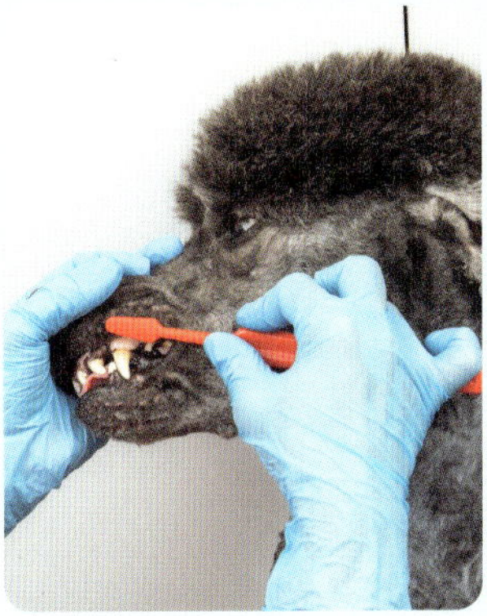

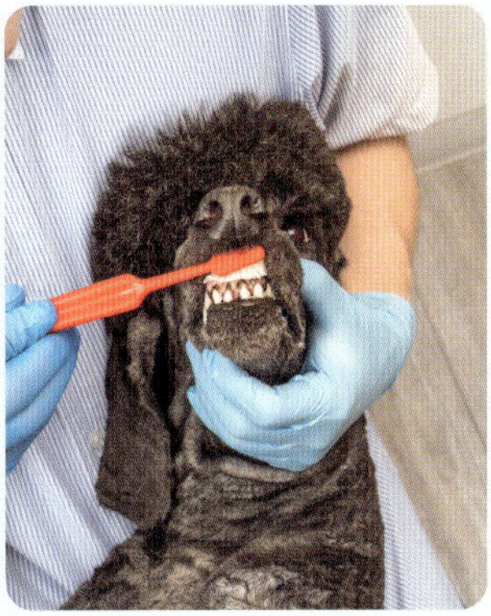

前歯の上下など、歯と歯の間を丁寧に。歯と歯茎の間も、歯周ポケットのよごれをかき出すようイメージして磨いていきます。歯の内側は磨きにくいため、まずは外側だけ磨き、慣れてきたら、内側を磨くようにします。

歯が小さい小型犬は磨きやすいものを利用して

歯についた食べカスなど歯垢が歯石になるまでに犬は72時間といわれています。歯が小さい小型犬は歯と歯の間など細かい部分に磨き残しがあったりしがちです。小型犬用の歯ブラシを使ってあげましょう。人の赤ちゃん用の歯ブラシもブラシ部分が小さめにできているので磨きやすいことが多いです。また、歯ブラシではありませんが、ミレーは毛穴用ブラシを使っています。ブラシがやわらかく、汚れも取りやすいです。いろいろ試してみて、磨きやすいものを利用しましょう。

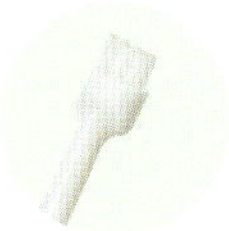

小型犬用や人の赤ちゃん用の歯ブラシを上手に活用して、愛犬の歯磨きを快適に。

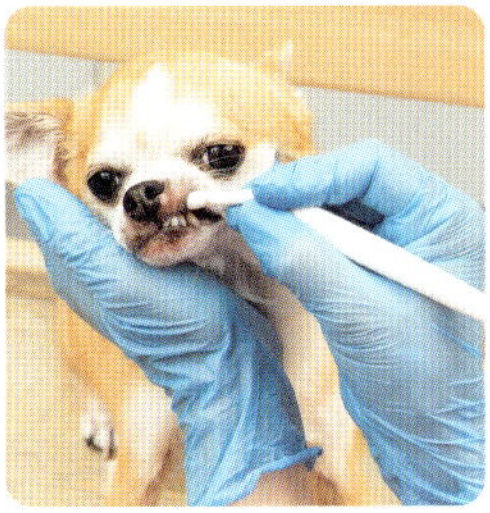

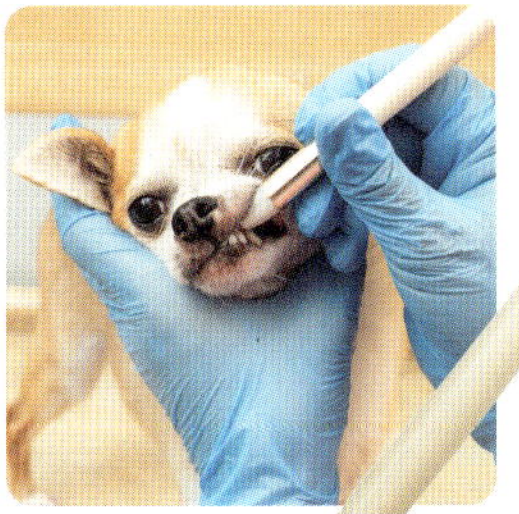

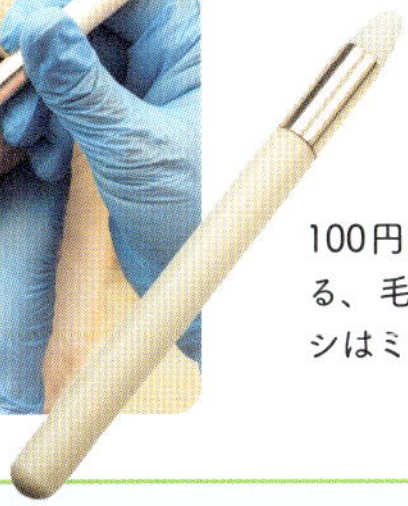

100円ショップで購入できる、毛穴を洗う用のブラシはミレー君も愛用中。

ミレー君日記
VOL.2

ミレーは2020年に頚椎痛を発症しました。現在は疼痛管理を漢方薬で行い、瘀血対策を徹底しています。温活もその対策のひとつです。

ミレーの散歩スタイル。散歩コースにこだわりがあるので、そこまでは抱っこで移動します。

2018年

2019年

赤外線による温活です。若い頃から、冷え対策はいろいろ行いました。

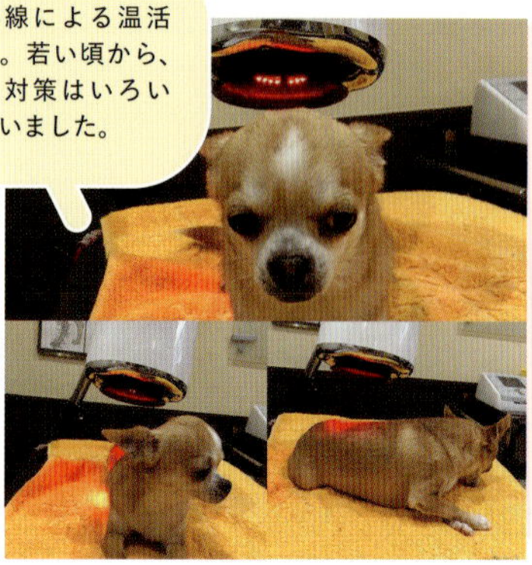

シャンプーは月に1回を目安にしています。ミレーはあまり好きではないようですが。

孫の手でのマッサージ。ソフトな刺激がミレーにぴったりのようです。

睡眠は重要な体の回復時間です。私は良質な睡眠のため、高反発ベッドを推しています。

2020年

石野院長の歯磨きタイム。当院の犬たちは、毎晩院長に磨かれています。

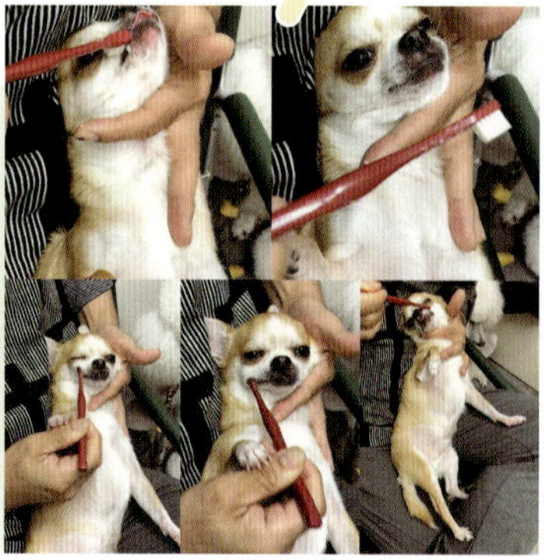

相澤先生の思い出話

膝蓋骨内方脱臼があるので体重管理には気をつけています。また温活も本格化させました。寝ているときは周りの空気を温めて、寒暖差がないようにしています。睡眠で体が回復できるよう、若いときから工夫を欠かしませんでした。

第3章

五行に基づくエイジングケア

愛犬が1章での五行思想における「木」「火」「土」「金」「水」のどのタイプにあてはまるか、把握できたでしょうか。ここでは五行に基づいたタイプ別にオススメの食材、ツボ、マッサージを紹介します。

木の養生

五行の「木」に適した食材やツボ、マッサージを活用しましょう。

オススメの食材

木に関連する五臓（陰）は「肝」、六腑（陽）は「胆」になります。食材としてオススメなのが鶏レバーとブルーベリーです。

鶏レバー

肝機能を高めてくれる食材

レバーとは「肝臓」のこと。鶏レバーは、豚や牛のレバーにくらべて臭みが少ないので食べやすく、ビタミンAが多く含まれているのが特徴です。食養生における主な役割として肝臓の陰血を補い、肝機能を高める働きを持つといわれています。それだけでなく、生命活動において重要な役割を担っている、「腎」の働きを補う食材でもあります。木と関連する五官の「目」にも良いとされています。ただし、くれぐれも与え過ぎには注意です。

五性：温性

主な適応：視力低下、肝腎陰虚証

10g程度を週1～2回に

鶏レバーに多く含まれる脂溶性ビタミンであるビタミンAは、体に蓄積されやすいので過剰摂取すると体調不良を起こす可能性がでてきます。1回につき10g程度（ゆでた状態で）を週1～2回にとどめておきましょう。

ブルーベリー

目の機能改善に影響を与える

ブルーベリーは、視神経の働きを活発にするアントシアニンが含まれる食材ということで、目の機能改善が期待できるとされています。目は木と関連する器官でもあります。また、アントシアニンは肝機能を補う働きも担っています。アントシアニンはポリフェノールのひとつ。活性酸素の働きを抑える「抗酸化作用」も持つことから、アンチエイジング効果もあるのです。血の巡りをよくすることも期待される食材です。

五性：平性

主な適応：血瘀証、目の疲れ、老化

鶏レバーとブルーベリーのトッピング

ブルーベリー

犬に合わせて、食べるならそのままでも。食べやすいように小さく切ってあげてもOK。冷凍ものを使う場合は解凍してから与えます。

調理法：素材のまま

鶏レバー

生のままではなく、必ず中までよく加熱したうえで、食べやすい大きさに切ります。

調理法：ゆでる

ツボ

木にあてはまる犬はイライラしやすく、怒りっぽいのが特徴。頭に気や血がのぼり、全身が緊張していることがあるので、ほぐしてあげるのにオススメなのが次の3つのツボです。

太衝《たいしょう》

肝とつながる代表的なツボです。気や血の巡りを良くして、緊張をほぐす作用があります。イライラを抑えるだけでなく、目のかすみやめまい、不眠などにも有効です。

位置 前足の2番目と3番目の指の間。

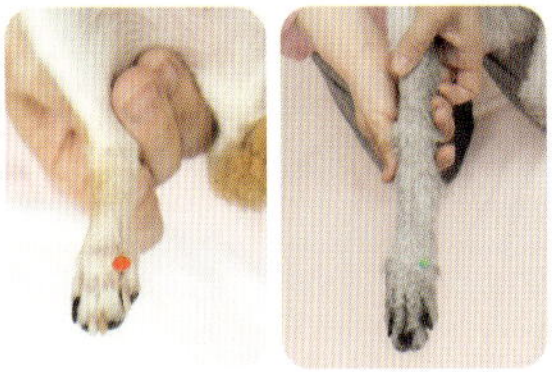

やってみよう

指の腹を使い、押しながら揉むようにします。小型犬の場合は綿棒を使うとピンポイントで押すことが可能です。両方の前足を順に行います。

頭《あたま》の百会《ひゃくえ》

百会の「百」は「多種・多様」、「会」は「出会う・交わる」を意味します。多くの効果が期待できる万能のツボとも呼ばれます。頭部の血行を促進し、ストレス緩和、頭痛、耳鳴りなどに有効です。

位置 頭のてっぺんの少しへこんでいる部分。

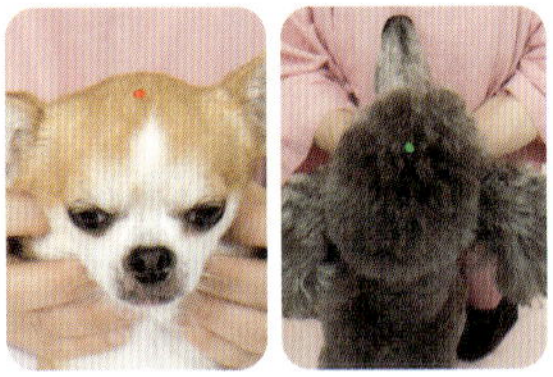

やってみよう

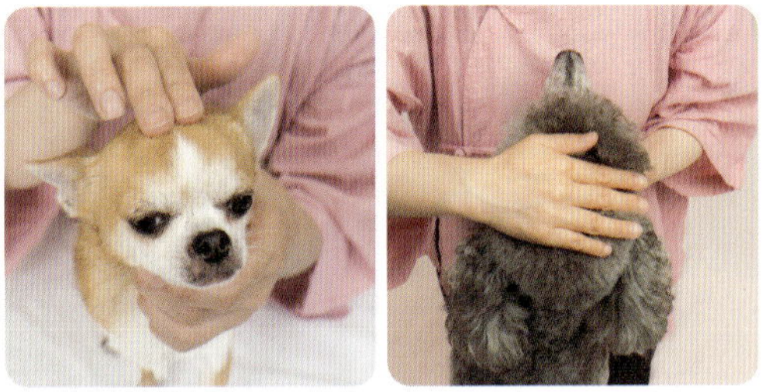

ここは押すのではなく、小型犬なら指の腹を使って円を描くように動かします。大型犬なら手のひら全体を使って円を描きましょう。

期門《きもん》

肝機能を改善し、解毒や代謝アップ効果も期待できるツボです。イライラして体が緊張すると、このツボが位置する脇腹が張っていることがあるのでほぐしてあげましょう。

位置 全部で12ある肋間（肋骨と肋骨との間）の第6肋間、乳頭のライン。

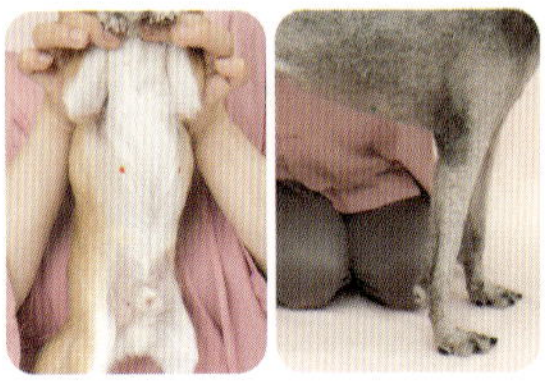

やってみよう

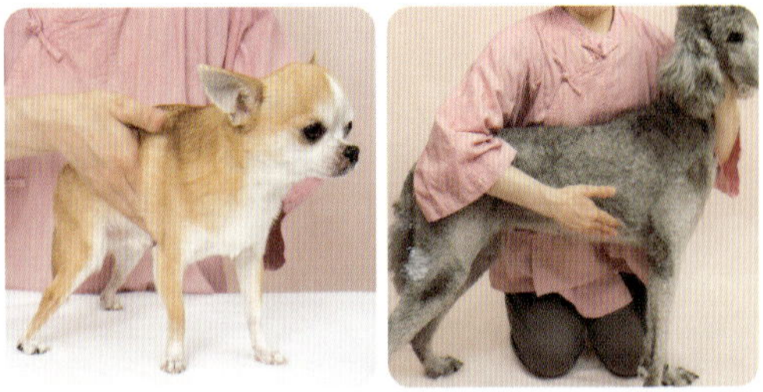

親指以外の4本の指の腹を使い、もみほぐすように動かします。小型犬は両手で左右同時に。大型犬は片方ずつ行いましょう。

マッサージ

木に関連するのが「肝」と「胆」です。どちらもストレスを軽減する効果が期待されます。「肝」の経絡は体の内側を走っているため、触られるのを嫌がる犬の場合は、表裏関係にある「胆」経のマッサージを行うだけでも「肝」にも作用することになります。

※ここで行っているのは青色の部分です

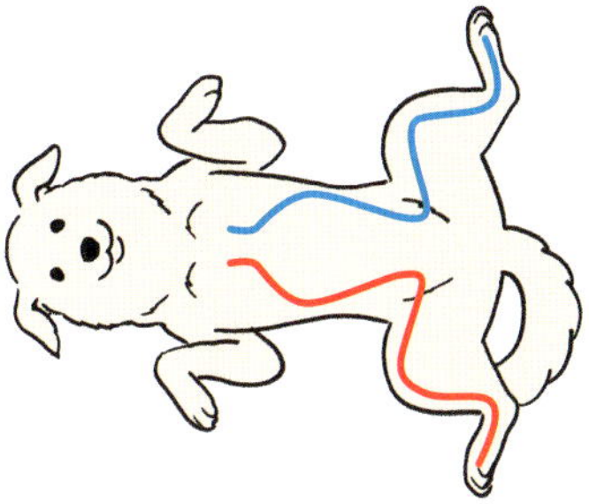

肝経の経路

後ろ足の第2指の外側端から。太腿内側から生殖器を巡り、腹中の上へ。脇腹から体内へ入り、肝・胆に関与して分かれます。片方は脇腹〜胸〜喉〜鼻の横〜目〜額〜頭頂へ。目から枝分かれして頬〜唇へ。肝で分かれたルートは腹部〜肺に行き、肺経と繋がります。

＼やってみよう／

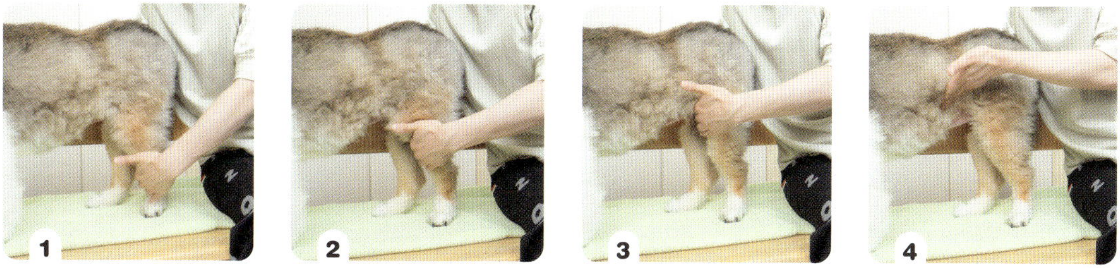

手で包み込むように後ろ足の内側端から、そのまま上に動かしていきます。足の付け根の内側まできたら、乳首に沿って脇腹から肺のあたりまで動かします。反対側も同様に。

胆経の経絡

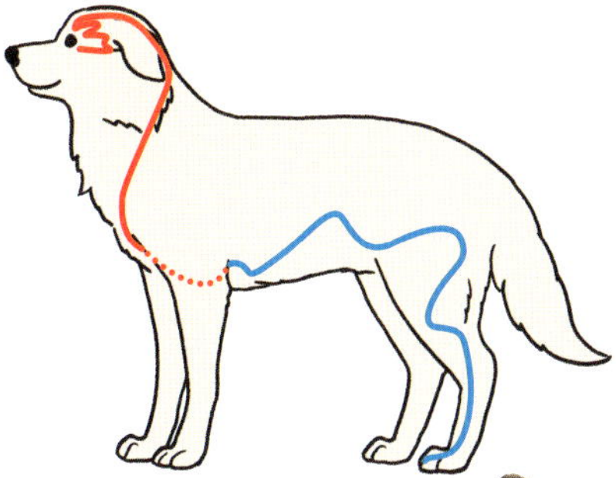

始まりは目尻から。体表と体内に分かれて側頭部、首から肩を通って一旦合流。再び体表と体内に分かれます。体内を通るルートは肝・胆を巡り、下腹部を通って太腿の付け根で合流。体表を通るルートは体の側面を下がって太腿の付け根〜後ろ足の外側端まで。

＼やってみよう／

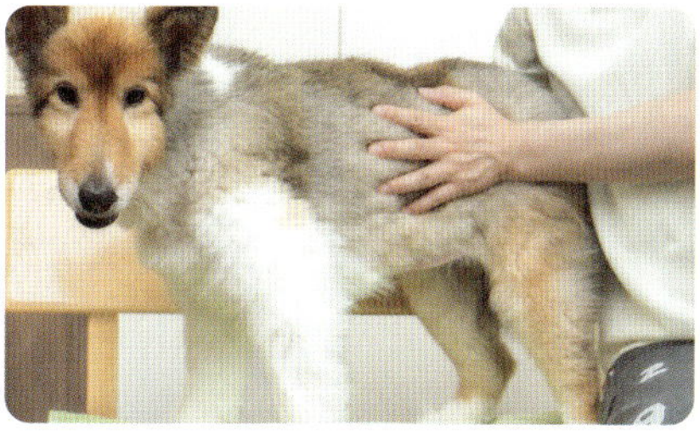

犬が座った状態のままでもOK。できる範囲で行ない、決して無理しないこと。

脇腹にあたる体の側面を指全体で包み込むように前足の付け根から後ろへ。犬の様子を見て嫌がらなければ、そのまま太腿の付け根から後ろ足の外側端まで動かします。

できる範囲でやってみてね

火の養生

五行の「火」に適した食材やツボ、マッサージを活用しましょう。

オススメの食材

火に関する五臓（陰）は「心」、六腑（陽）は「小腸」になります。食材としてオススメなのがトマトとひじきです。

トマト

抗酸化作用のリコピンが豊富

さまざまな健康効果をもたらすといわれているトマト。真っ赤に熟したものは、β-カロテンの2倍、ビタミンEの100倍もの抗酸化作用を持つリコピンが豊富に含まれています。食養生においては、体の臓器に似ているものを食べることで、その臓器の働きを補ってくれるという考え方（以臓補臓《いぞうほぞう》）があります。横から輪切りにすると、4つの部屋に分かれた心臓のカタチに似ていることから、「心」の働きを助けてくれる食材となります。

五性：微寒性

主な適応：暑気あたり、口渇、不眠

ひじき

心の機能を整えてくれる

ミネラルが豊富な海藻類の中でもカルシウムの含有量がひときわ高いといわれているひじき。特徴である黒い色は、活性酸素除去、脂肪燃焼などの効果が期待されるフコキサンチンによるものです。中医学の考え方としては、血を補う作用を持つだけでなく、熱を冷まし、塊を柔らかくしてくれるので、しこりや痛みに対しても用いられることがあります。また、心が落ち着かない、不安や不眠など心の機能を整える効果も期待されます。

五性：寒性

主な適応：血虚証、しこり、白髪、不眠

トマトとひじきのトッピング

トマト

犬に合わせて、食べやすい大きさに切ってあげましょう。

調理法：素材のまま

ひじき

乾燥ひじきを使う場合は、水に入れてもどしておきます（袋の表示時間を参考に）。食べやすい大きさに切ってからトッピングを。

調理法：乾燥したものは水でもどす

ツボ

火にあてはまる犬は、明るくて外交的。ただ喜びのあまり興奮しやすいところがあります。興奮し過ぎると心（気持ち）が乱れがちに。心を落ち着かせるのにオススメなのが次の3つのツボです。

郄門《げきもん》

高ぶった神経を落ち着かせるため、心と体をリラックスさせてくれる作用があります。そわそわし過ぎて息苦しさを感じてしまい動悸や胸の痛みがあるときにも有効です。

位置 前足の内側で2本の骨の間。足首から肘の間の12分の5の場所。

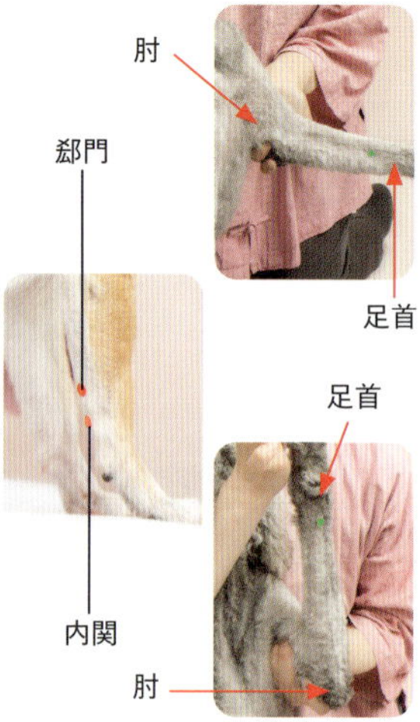

＼やってみよう／

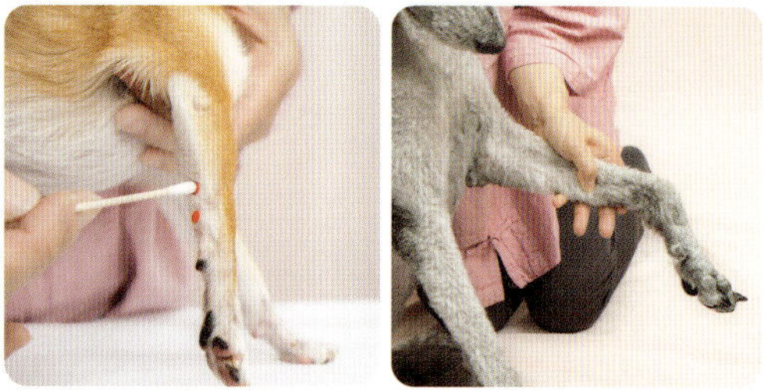

指の腹を使い、ツボを刺激します。小型犬は綿棒を使うとやりやすいです。くれぐれも無理のない体勢で。両方の前足を順に行います。

内関《ないかん》

こちらのツボも気持ちを落ち着かせたり、自律神経の安定やストレスを和らげたりするのに有効です。嘔吐や吐き気を止める作用もあるので、乗り物酔い防止にも役立ちます。

位置 前足の内側で2本の骨の間。足首から肘の間の6分の1の場所。

＼やってみよう／

指の腹を使い、ツボを押して刺激を与えます。小型犬は綿棒を利用してもOK。両方の前足を順に行います。

失眠《しつみん》

ここも神経を落ち着かせるのに役立つツボです。神経の高ぶりを鎮めて眠気を誘うことから、名前の通り、「失った眠り」を取り戻すともいわれます。むくみや冷えにも有効です。

位置 踵からやや下がった場所。人でいうと土踏まずの一番後ろ部分。

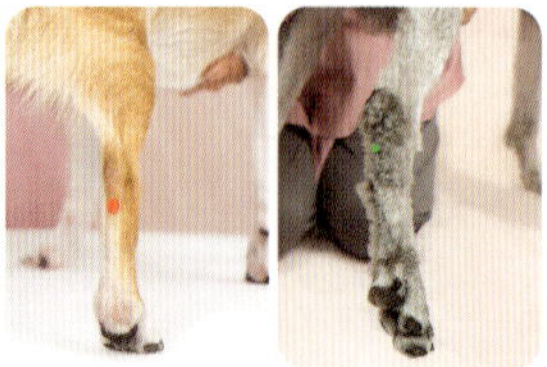

＼やってみよう／

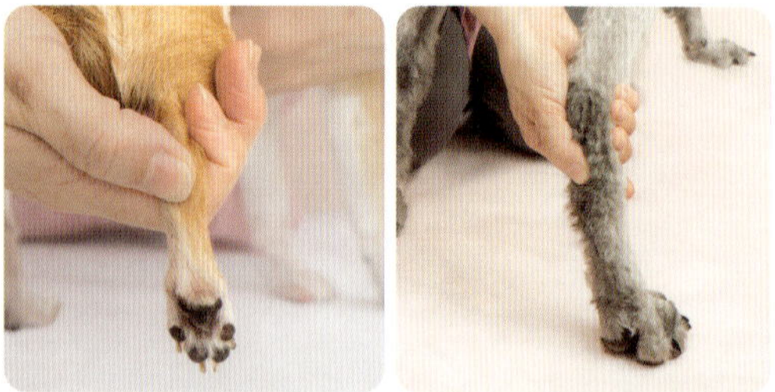

指の腹を使い、ツボを押して刺激を与えます。両方の後ろ足にあるツボを順に行いましょう。

マッサージ

火に関連するのが「心」と「小腸」です。心の状態を安定させるマッサージと小腸の働きを助けるマッサージを紹介します。

心経の経絡

始まりは心の部位から。心を巡り、２つに分かれます。片方は腹部を下に行き、へその奥へ。もう一方は胸の脇から体表に出て前足の前面を通って前足指先の中央の端で終わります。

＼やってみよう／

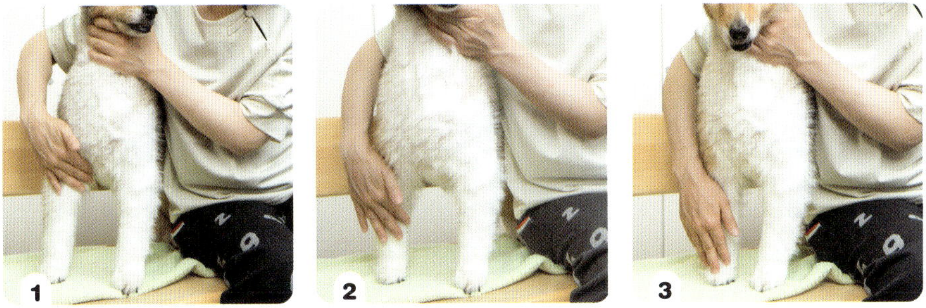

胸の脇から、手のひら全体を使い前足の前面を撫でおろすようにして前足の指先まで動かしていきます。反対側も同様に。

小腸経の経絡

始まりは前足の外側の末端から。足の甲から前足の外側を上がり、肩の後ろから、体表と体内を通るルートに分かれます。体表を通るルートは胸から首を通って耳の前まで。体内を通るルートは胃を通って小腸へ。

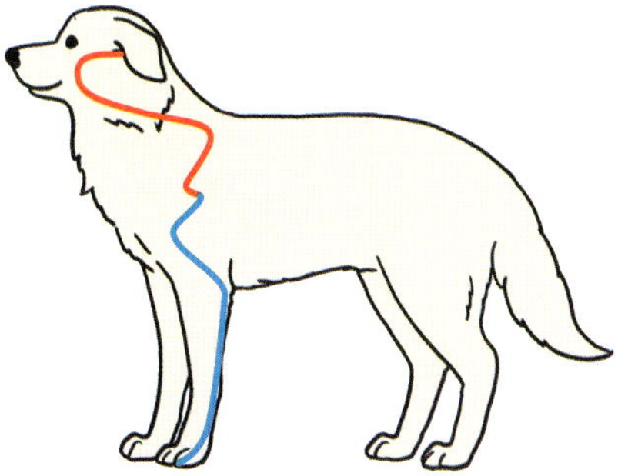

＼やってみよう／

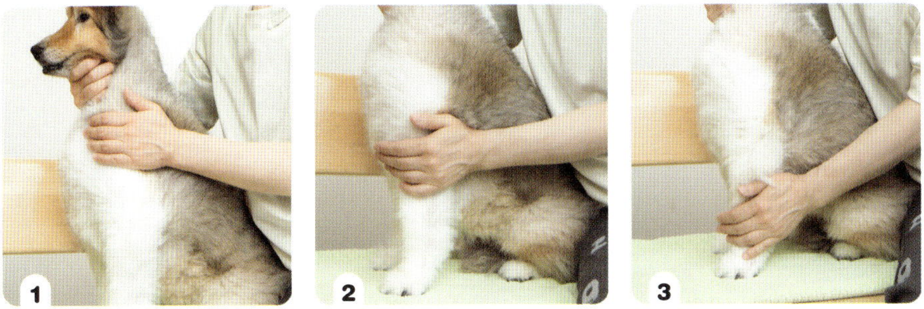

前足の付け根あたりから、手のひら全体で前足を包むようにして、前足の外側の末端まで動かしていきます。反対側も同様に行います。

土の養生

五行の「土」に適した食材やツボ、マッサージを活用しましょう。

オススメの食材

土に関する五臓（陰）は「脾」、六腑（陽）は「胃」になります。食材としてオススメなのがカボチャとニンジンです。

カボチャ

消化を助ける黄色の食材

抗酸化作用を持つビタミンC、Eが豊富に含まれ、とくにビタミンEの含有量は野菜の中でトップクラスともいわれています。食物繊維も多いので、便通の改善にもよく用いられる野菜のひとつ。食養生においては以臓補臓の考えから、カボチャは五行「土」の色である黄色と同じ色をした食材。消化が良く、「脾」や「胃」の働きを強化するのに役立ちます。体を温めてくれる食材なので、体の冷えやだるさにも良いとされています。

五性：温性

主な適応：気虚証、疲労、無力感

ニンジン

血を補い胃腸の働きに役立つ

野菜の中でもとくにβ-カロテンを多く含んでいることで知られます。さらにβ-カロテンよりも抗酸化力が高いα-カロテンも含んでいるといわれる野菜です。食養生としては、血を補う作用を持っており、貧血やドライアイ、夜盲症などに有効と考えられています。また、胃腸の働きを助けてくれるので、食欲不振や消化不良にも利用されます。消化や吸収、栄養の運搬を司る臓器である「脾」を健やかにするための食材としてオススメです。

五性：平性

主な適応：血虚証、陰虚証、消化不良、夜盲症

カボチャとニンジンのトッピング

カボチャ

犬に合わせて食べやすい大きさに切ります。つぶしてあげてもOK。

調理法：ゆでるまたはレンジで加熱

ニンジン

犬に合わせて食べやすい大きさに切ります。つぶしてあげてもOK。

調理法：ゆでるまたはレンジで加熱

どちらも甘くて
おいしいよね

ツボ

土にあてはまる犬は、穏やかで動作もゆっくり。「思い悩み」の感情を司る土の要素のバランスが崩れてしまうと「脾」や「胃」が痛くなりがちです。オススメはこちらのツボになります。

足三里《あしさんり》

下痢や便秘、食欲不振などの胃腸障害、消化器症状全般に効果があるツボです。膝痛や足のしびれなど足にまつわるトラブルに対しても用いられます。むくみの解消にも役立ちます。

位置　後ろ足の膝の外側の少し斜め下。

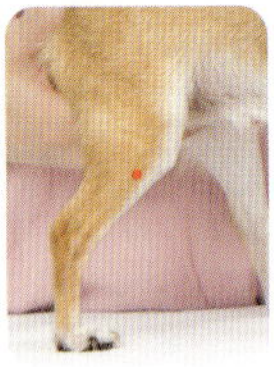

やってみよう

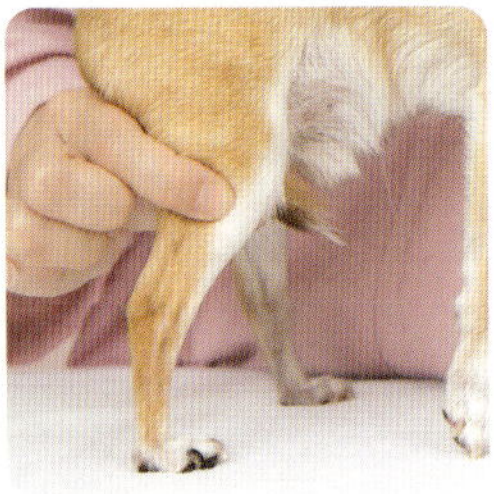

小型犬なら人差し指、大型犬なら親指を使うと力が入れやすいです。写真のようにつまむような感じでツボに刺激を与えます。反対側の後ろ足も同様に行います。

頬車《きょうしゃ》

胃の働きを助けるといわれるツボです。人では胃腸が疲れてしまうと肌荒れや吹き出物が出てくるためそれらの改善効果が期待されます。顔のこわばりをほぐす効果もあります。

位置　頬でややへこみがあるところ。

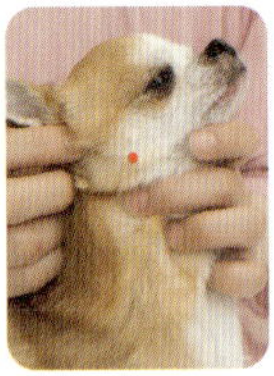

やってみよう

両手で顔を挟み込むようにして、親指や人差し指を使ってツボに刺激を与えていきます。

神門《しんもん》

副交感神経の働きを活発にして、不安やイライラなどを和らげ、精神を安定させる作用があります。留守番が苦手な犬の場合、分離不安症などに効果があるといわれています。

位置　前足の足首にある小さい肉球の内側。

やってみよう

指の腹を使い、ツボを押して刺激を与えます。小型犬は綿棒を利用してもOK。両方の前足を順に行います。

マッサージ

土に関連するのが「脾」と「胃」です。どちらのマッサージも消化吸収作用を整えるのに有効的です。便秘、下痢、食欲不振などがみられるときにも役立ちます。

脾経の経絡

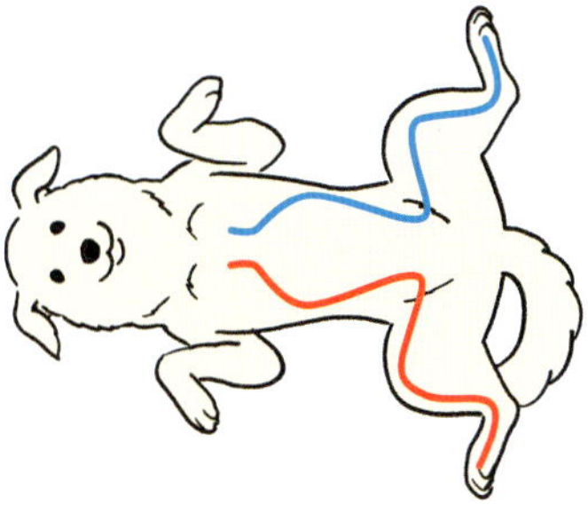

始まりは後ろ足内側の第二指の末端。内くるぶしを通り、後ろ足内側〜腹部へ。腹部で体表と体内に分かれます。体表を通るルートは、前足の付け根からさらに分かれて片方は体内へ入り、喉から舌へ。もう一方は胸の脇で終わります。腹部から体内を通るルートは脾胃から胸の奥へ。

＼やってみよう／

1

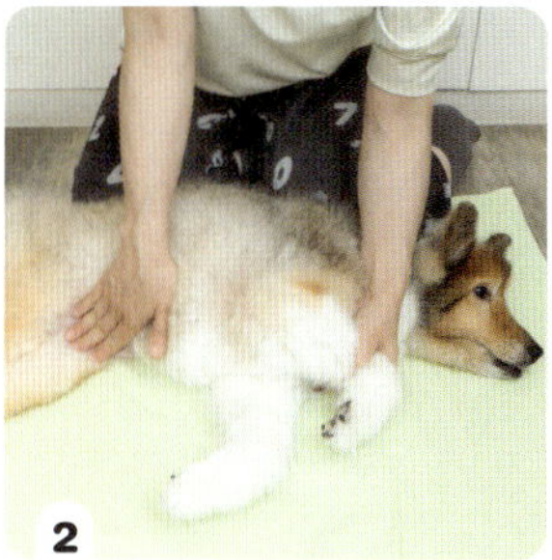

2

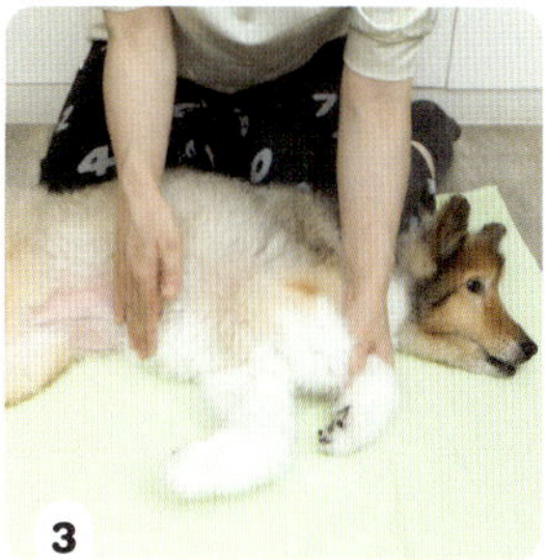

3

犬を写真のように横にします。手のひら全体を使い、後ろ足の内側を指先からお腹まで撫でるように動かしていきます。反対側も同様に。

胃経の経絡

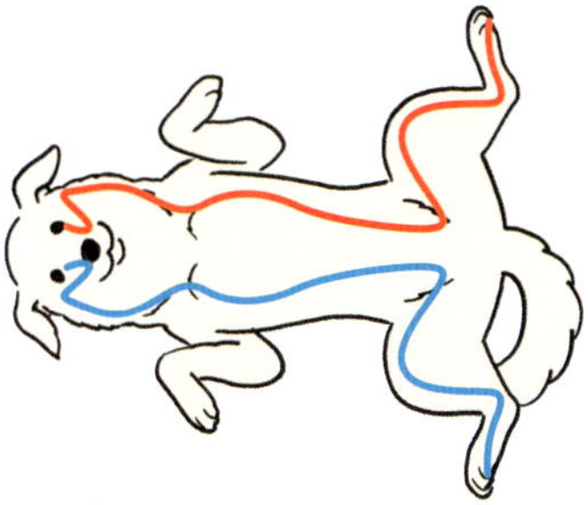

始まりは目の下。そのまま下がり、下顎で2つに分かれます。片方は前髪のはえぎわへ。もう一方は喉から胸の上を通って体表と体内に分かれます。体表を通るルートは胸部乳頭〜へそ横〜太腿の付け根〜後ろ足の第二指末端で終わり、脾経へと繋がります。

＼やってみよう／

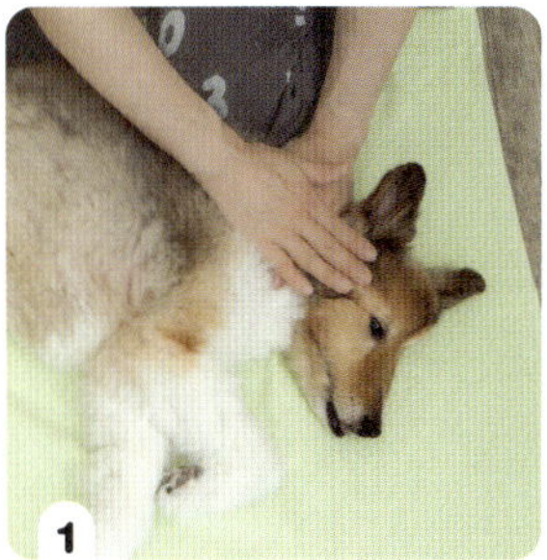

1

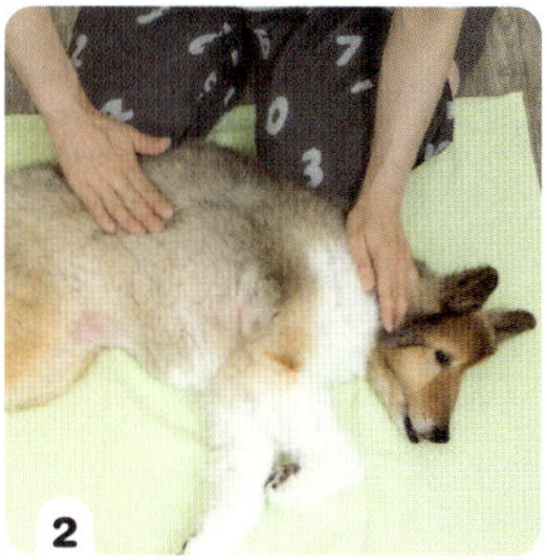

2

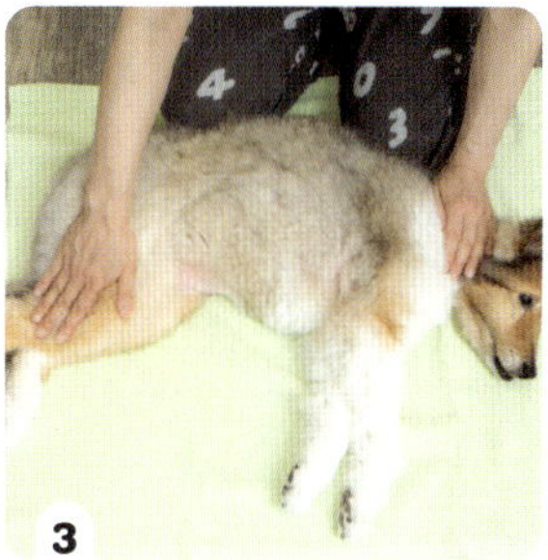

3

犬を写真のように横にします。手のひら全体を使い、目の横から体の側面を通って後ろ足の先まで撫でるように動かします。反対側も同様に行います。

金の養生

五行の「金」に適した食材やツボ、マッサージを活用しましょう。

オススメの食材

金に関する五臓（陰）は「肺」、六腑（陽）は「大腸」になります。食材としてオススメなのがレンコンとズッキーニです。

レンコン

抗酸化作用を持つ白色の野菜

ビタミンC、カリウム、食物繊維が豊富な野菜です。切ったあとに変色するのは、タンニンという抗酸化作用を持つポリフェノールの影響です。ポリフェノールは老化抑制効果が有効とされます。五行の「金」にオススメというのは、以臓補臓の考え方として、輪切りにした際の穴の空いた状態が「肺」のカタチに似ていることから。また、白い色をしているのも「金」の色は白色だからです。津液を生じさせ体内を潤す作用があります。

五性：平性

主な適応：疲労、足腰の衰え

※加熱した場合。生食の場合は寒性。

ズッキーニ

体の水分調整をしてくれる

見た目はキュウリに似ていますが、カボチャの仲間です。カリウムが多く含まれており、カボチャに比べると少なめではあるもののβ-カロテンやビタミンC、Eなどをほどよく含んでいます。食養生においては、利水・利尿作用を持っていることで体の余分な熱を取り除き、むくみやお腹の張りの改善効果が期待されます。また、水分の調整をしてくれることで、必要となる水分を生み出し、「肺」を潤すともいわれています。

五性：寒性

主な適応：暑気あたり、肺の乾燥、腹脹

レンコンとズッキーニのトッピング

レンコン

輪切りにして水につけてから、犬の食べやすい大きさに切ります。基本は生食できます。加熱する場合は、栄養素を壊さないために加熱時間は短めにしておきましょう。

調理法：素材のまま
レンジで加熱もOK

ズッキーニ

輪切りにして、犬に合わせて食べやすい大きさに切ります。生でも食べられますが、皮が固いこともあるので気になるなら皮をむいて。

調理法：レンジで加熱または焼く
素材のままでもOK

ツボ

金にあてはまる犬は、バランスを崩すと悲しみやすく、心配ばかりしてしまう傾向があります。金に関連する「肺」は悲しみの感情を担っているからです。オススメのツボはこちらになります。

合谷《ごうこく》

ストレスの緩和や緊張した筋肉をほぐすのに役立つツボです。副鼻腔と鼻に関わることにも有効です。人間ではあらゆる不調に効果があるため「万能のツボ」ともいわれています。

位置 前足の内側にある狼爪のところ。

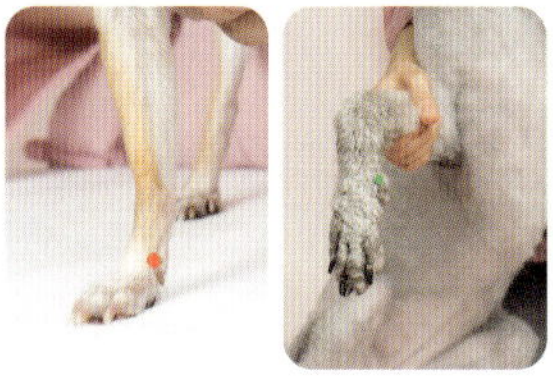

＼やってみよう／

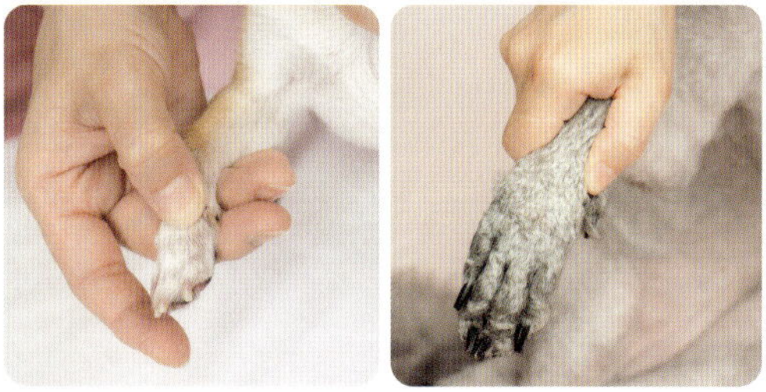

親指の腹を使って押すことでツボに刺激を与えます。反対側も同様に行います。

中府《ちゅうふ》

中府は肺の気が集まる場所と考えられており、ここを刺激してあげることで呼吸器機能を高める効果が期待されます。鼻水、鼻詰まり、肩の緊張を和らげるのにも役立ちます。

位置 肩関節の内側。

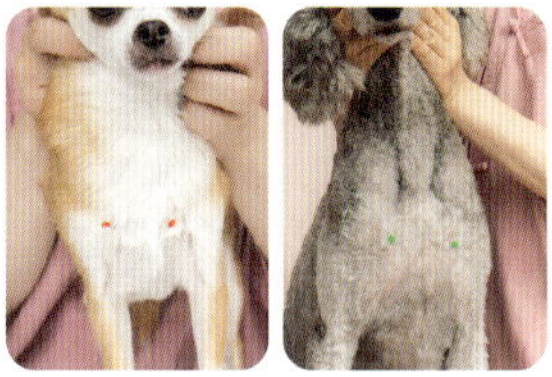

＼やってみよう／

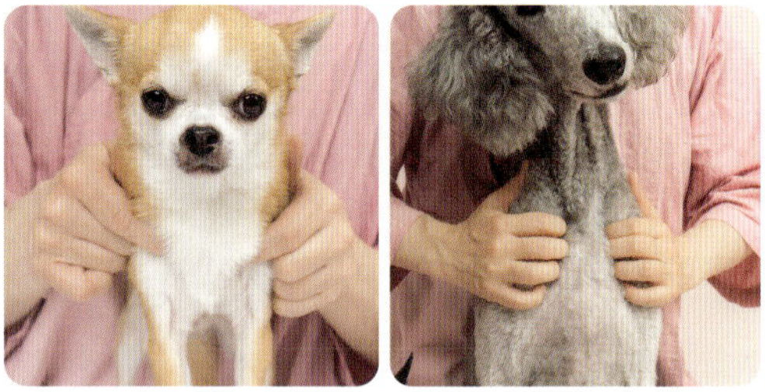

犬の後ろ側から両肩を挟み込むように抱えたら、人差し指の腹を使って両側にあるツボに刺激を与えていきます。

尺沢《しゃくたく》

尺沢も、上の中府と同様に肺の働きを助けるツボといわれています。頑なになっている心を柔軟にしてくれるとともに、咳やのどの痛み、肩や首のコリなどをほぐすのにも効果的です。

位置 前足の肘の内側。

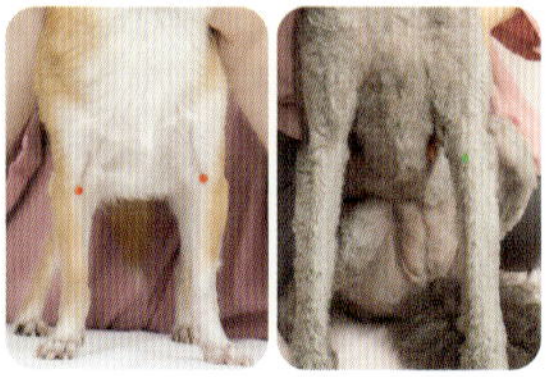

＼やってみよう／

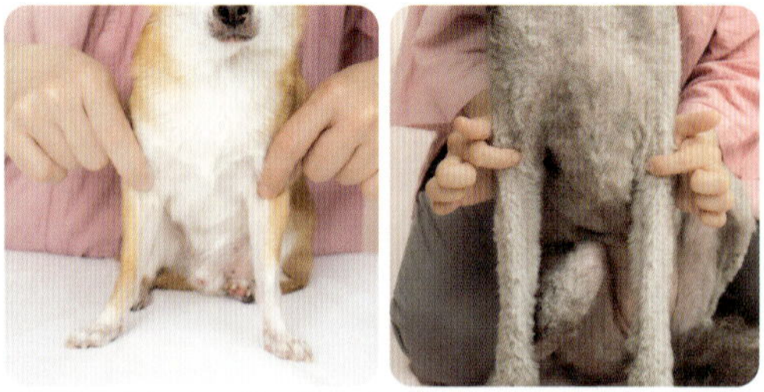

犬の後ろ側から人差し指の腹を使って、両側にあるツボに刺激を与えていきます。

マッサージ

金に関連するのが「肺」と「大腸」です。肺機能の調整に役立つマッサージと大腸の働きを助けるマッサージを紹介します。

肺経の経絡

始まりは腹部の上から。肺～大腸を通ってのどまで行き、前足の付け根へと下ったら体表面に出ます。そのまま前足の第一指の内側の末端まで行って終わりますが、第二指末端に移り大腸経へと繋がります。

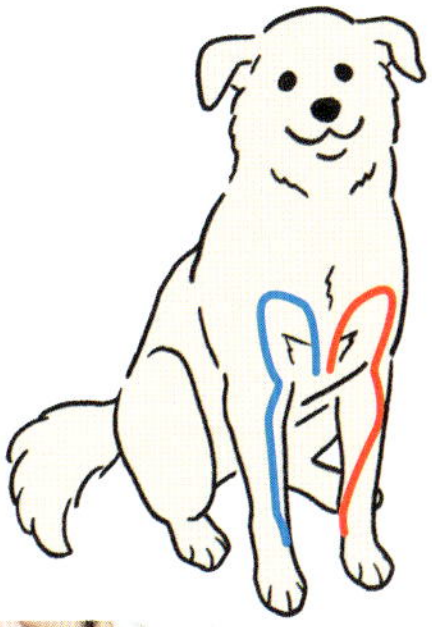

＼やってみよう／

手の平全体を使い、前足の付け根から、前足の内側を通ってそのまま足先まで撫でるように動かします。反対側も同様に行います。

大腸経の経絡

始まりは前足の第二指末端から。前足の内側を通って肩へ向けて上がっていき、肩の下で本経と支脈と2つに分かれます。本経のほうは喉へと上がって反対側の鼻の脇で終わり、胃経へと繋がります。支脈のほうは肺を通って大腸を巡ります。

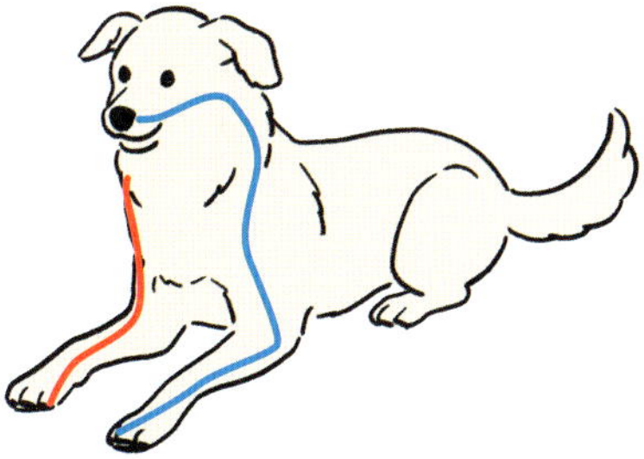

＼やってみよう／

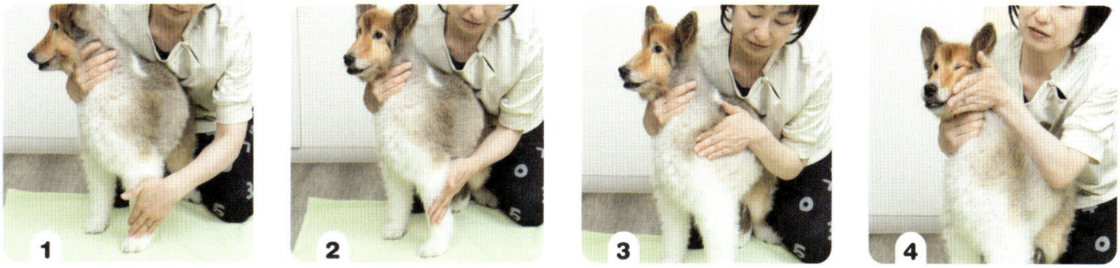

手の平全体を使い、前足の先から肩を通って鼻の脇まで撫でるように動かします。反対側も同様に行います。

水の養生

五行の「水」に適した食材やツボ、マッサージを活用しましょう。

オススメの食材

水に関する五臓（陰）は「腎」、六腑（陽）は「膀胱」になります。食材としてオススメなのが黒豆とクルミです。

黒　豆

「腎」の働きを補う黒い食材

　黒豆は正式には「黒大豆」といわれ、大豆の種類のひとつです。良質な植物性たんぱく質を含み、ポリフェノールやビタミン、ミネラルなども豊富です。食養生において、黒い食材は「腎」の働きを補うと考えられています。生命エネルギーの元として「腎」は大切な役割を担っているだけに、その働きを助けることで老化の進行を緩やかにする効果が期待されます。利尿作用や解毒作用、血の巡りを良くするなどといわれています。

五性：平性

主な適応：老化、腎陰虚症、脾胃虚弱証、疲労

クルミ

脳の活性化に役立つ

　抗酸化物質であるポリフェノールやメラトニン、オメガ3脂肪酸が豊富。ビタミン、ミネラル、たんぱく質、食物繊維などもバランスよく含まれ、栄養価が高いことからスーパーフードといわれています。食養生としては、脳のカタチに似ていることから、健脳作用があると考えられています。脳を活性化させ、記憶力増強と保持に役立つ食材として用いられます。栄養価が高い分、食べ過ぎるとカロリー過多になるので気をつけて。

五性：温性

主な適応：胃腸虚症、腰痛、足腰の衰え、健忘、便秘

黒豆とクルミのトッピング

黒豆

味付けなしで煮たものを利用します。皮があるので細かく切るか、つぶしてあげても良いでしょう。

調理法：缶詰など
水煮してあるもの

クルミ

食べやすく消化しやすいように細かく砕いておきます。生のものがなければ素焼きのものを利用します。

調理法：素材のまままたは素焼き

ツボ

水にあてはまる犬は、臆病なところがあるため、バランスが崩れると恐怖心が強くなる傾向が出てきます。気持ちを和らげてあげ、怖がって体が緊張していたら、ほぐしてあげましょう。

手《て》三《さん》里《り》

自律神経を整え、緊張を緩めるのに役立つツボといわれています。肩こりや腕の痛みなどをほぐすのにも役立ちます。また、胃腸の働きを整えて免疫力アップの効果も期待できます。

位置 前足の肘の外側。

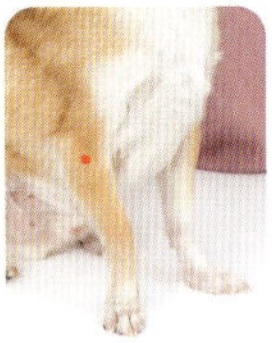

＼やってみよう／

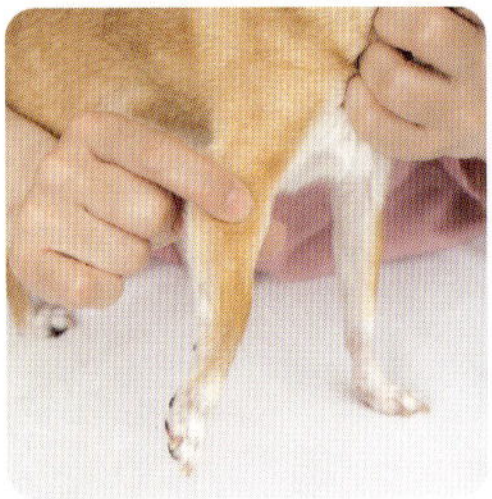
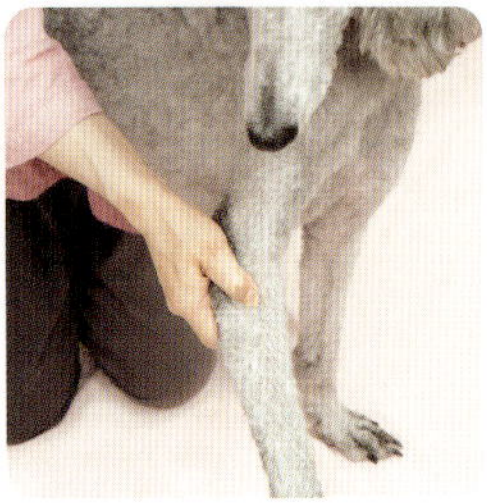

親指または人差し指の腹を使って、ツボに刺激を与えます。反対側も同様に行いましょう。

委《い》中《ちゅう》

ストレスを軽減し、体の代謝を良好にして免疫力を高めるツボといわれています。腰痛や足の痛みがある場合は、このツボに刺激を与えることで症状緩和が期待されています。

位置 後ろ足の膝の裏側。

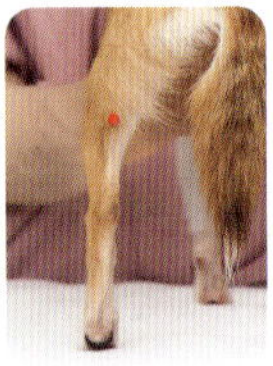

＼やってみよう／

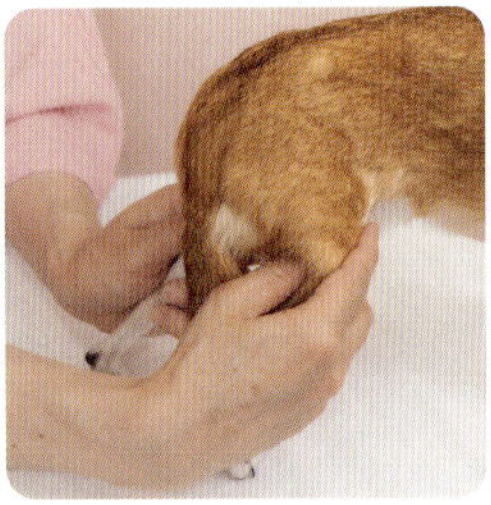

親指をツボの位置に、残りの４本指で膝を包むようにしてから、親指の腹を使ってツボに刺激を与えます。

湧《ゆう》泉《せん》

名前の通り、元気（気）が泉のように湧いてくるツボといわれており、腎の働きを助ける経絡上にあるツボです。恐怖心を和らげ、足の疲れ、冷え、腹痛などにも役立ちます。

位置 後ろ足のもっとも大きな肉球の付け根部分。

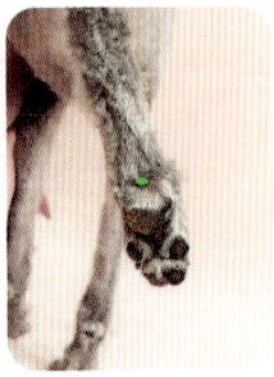

＼やってみよう／

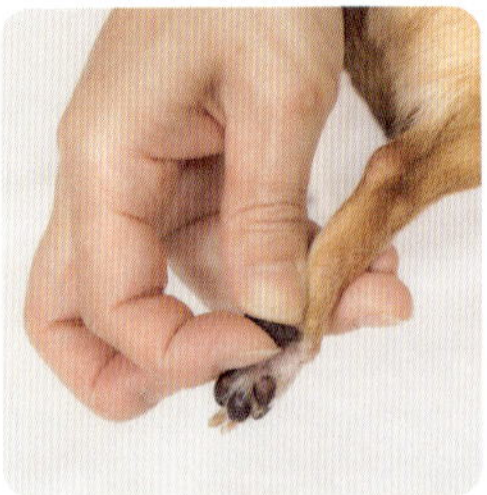
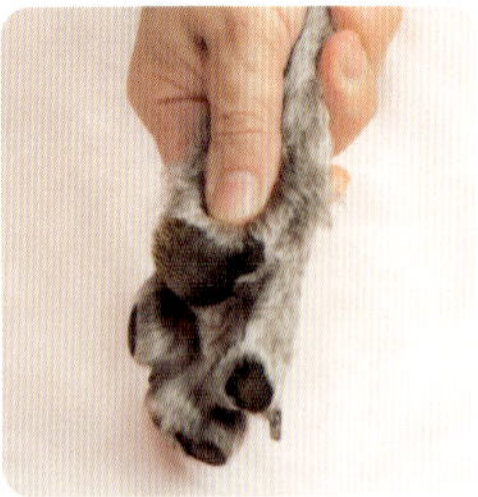

親指を使い、足先へ向けて肉球を押し上げるように刺激を与えます。もう片方も同様に行います。小型犬は左の写真のように肉球をつまんでもOK。

マッサージ

水に関連するのが「腎」と「膀胱」です。腎の働きを調整してくれるものと、膀胱の働きに作用するマッサージを紹介します。

腎経の経絡

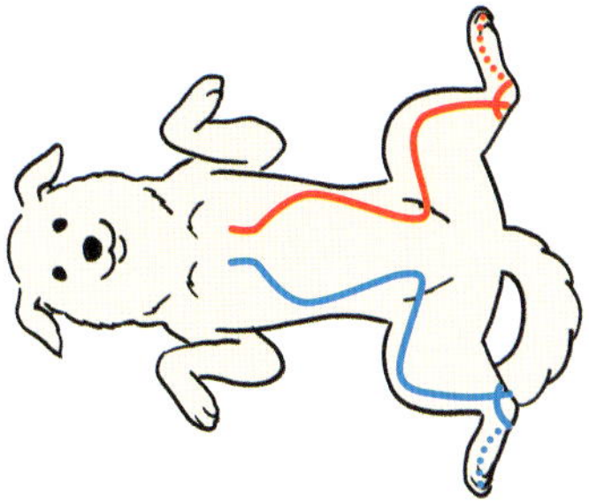

始まりは後ろ足の外側端から。足裏を通り、後ろ足の内側から会陰部へ行き、体内と体表に分かれます。体表を通るルートはへその両側〜胸〜肩の下で終わります。体内を通るルートは腎を通り胸で合流し喉から舌へ。さらに腎で枝分かれして膀胱へ。胸で分かれて肺から心へ。

＼やってみよう／

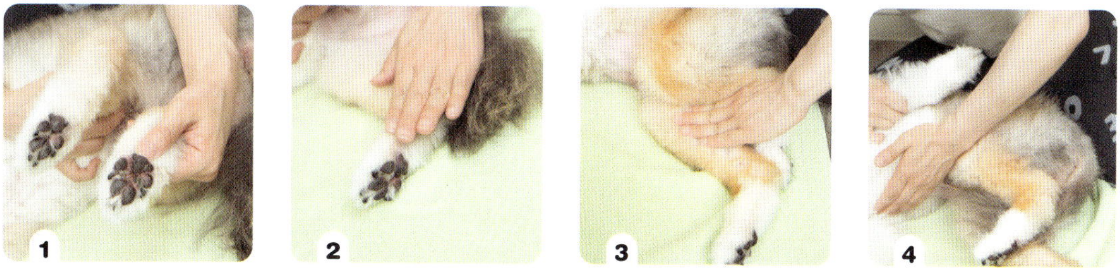

1 涌泉のツボ（82ページ）の位置あたりから始めます。

2〜4 手のひら全体を使い、後ろ足の内くるぶしを通って、胸のあたりまで撫でるように動かします。反対側も同様に行います。

膀胱経の経絡

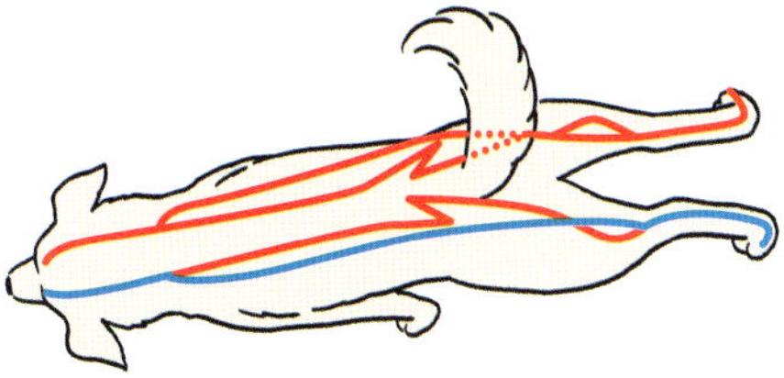

始まりは目頭から。額を通って頭〜首の後ろへ。背骨を挟んで二つに分かれ、お尻、太腿の裏を通って膝の裏で合流します。さらに足背から外側を通って後ろ足外側の末端で終わり、腎経へ繋がります。腰から分かれたものは胃から膀胱に達します。

＼やってみよう／

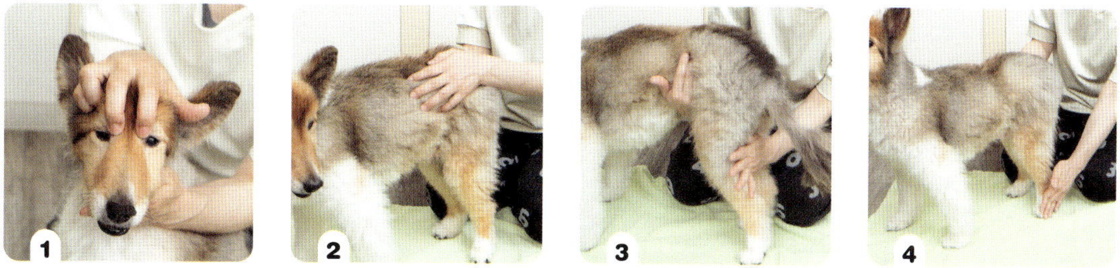

人指し指と中指を使い、目頭から首の後ろへ動かします。手のひら全体で背骨の両側に沿ってお尻のほうまで動かした後、太腿の裏側から後ろ足の外側の先端まで動かします。反対側も同様に行います。

日頃のエイジングケア 03

温活を取り入れてみよう

体を温めて血流も免疫力もUP

犬も人と同様に、体が冷えると血流が悪くなってしまい、免疫力が落ちてしまうことで不調の原因になることもあります。東洋医学において「冷え」は「陽虚」の状態に該当します。体内で熱を生み出すことができなくなっている状態です。

寒い冬の時期だけでなく、最近は夏でも冷房の影響で体が冷えてしまっていることも少なくありません。体を温めて、冷えを改善するのが「温活」です。愛犬とのスキンシップを兼ねて、身近な道具で気軽にできる方法を紹介します。

温活のポイント

- 食後は避けるようにして、犬がリラックスしているときに行う。
- 温度は必ず先に人が確認。人が触ってじんわり温かいと感じる温度を目安に。
- 低温やけどに注意し、長時間、同じ場所に当て続けない。
- 体の内側から温めることも大事。適度な運動と栄養バランスのとれた食生活を心がける。

その1 ホットタオルパック

温めたタオルをジップ付きの袋に入れるだけ

タオルをお湯や電子レンジで温め、ジップ付きの袋に入れたものを用意。これだと犬の体を濡らすことなく、ホットタオルで温めることができます。犬の大きさに合わせて、背中やお腹など広い範囲を温めたいときには大きなサイズにする、細かい部分を温めたいときは小さなサイズするなど、袋の大きさを使い分けるとやりやすいです。

時間の目安 1箇所につき10～20秒

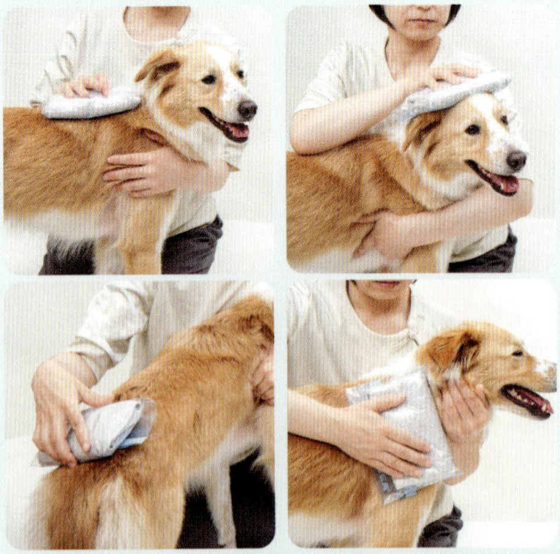

写真で紹介している箇所以外に、ヘソを中心にお腹全体に当ててあげるのも、冷えからくる不調の改善に効果的です。

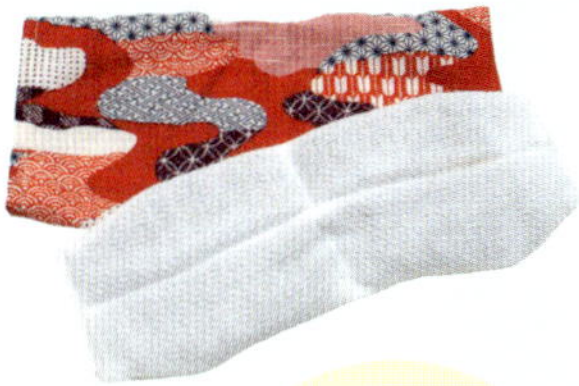

かまくらげんき動物病院で購入可能のあずき入り袋。中袋はあずきが袋の中で偏ってしまわない工夫がされています。

その2 あずきパック

温灸のように心地よく体を温められる

あずきの乾燥豆が入った布の袋を用意します。電子レンジで30秒ほど温めて、熱くないかどうか人が必ず確認してから行うこと。さまざまな箇所を温灸のように心地よく刺激することができます。

時間の目安 1箇所につき10～20秒

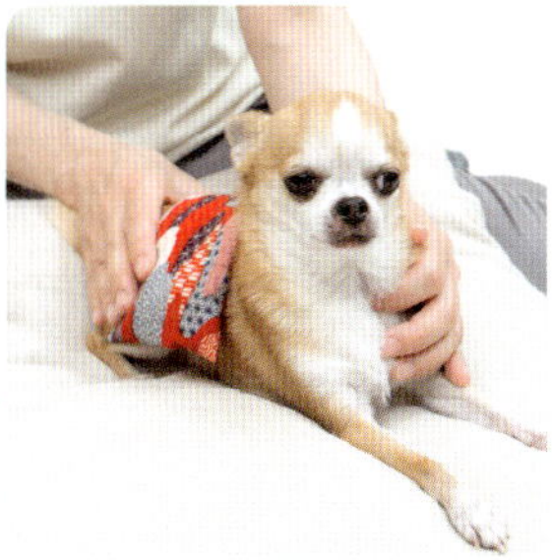

肩、腰、背中などに当ててあげます。

その3 足湯

洗面器で足を温めて気軽に入浴効果

お風呂に入ることも温浴になりますが、湯船に入るのが苦手な犬もいるもの。入れたとしても毎日は難しいものです。そこで手軽にできるのが足湯です。お湯の中に生姜の皮を少し入れたり、犬用バスソルトを入れたりしても、体を温めるのにより効果的です。

時間の目安 10～15分ほど

中・大型犬なら、前足と後ろ足でそれぞれ分けて温めるようにします。

良質な睡眠のために快適な寝床づくりを

犬の睡眠時間は平均すると12～14時間といわれており、1日の半分以上寝ていることになります。良質な睡眠をとることもエイジングケアにおいては大切です。そのためには快適な睡眠環境をつくる必要があります。夏は暑さ対策用にクールベッド、冬は寒さ対策用にあったかベッドなど機能的なベッドはいろいろあります。それらに加えて、オススメするのは「高反発ベッド」です。シニア犬の床ずれ防止用として市販されていますが、体圧を分散してくれるので、若いうちから使うことで腰痛や肩こり防止にもなります。

ミレー君日記
VOL.3

まだまだ若いと思っていましたが、あっという間にミドルシニアに。6、7歳からは健康状態のチェックも毎年の課題です。

2021年

高反発ベッドでくつろぐミレー。メッシュ生地の寝心地を気に入っていました。

石野院長によるお腹のマッサージ中。しこりの有無などもチェックできます。

お気に入りのオモチャと記念撮影。オモチャの顔立ちがミレーに似ています。

チワワを飼っていると、ついこういうことをしたくなりますよね（笑）。

2022年

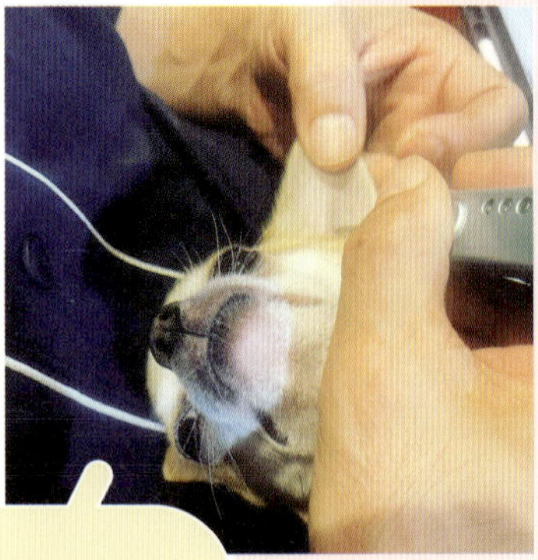

耳先のツボ押し中です。このツボはストレスを軽減してくれる効果があります。

このキャリーバッグはミレーお気に入りの寝場所。ミレーの安全地帯でもあります。

相澤先生の思い出話

食事と体重管理はもちろんのこと、生活リズムを一定にすることもミレーの精神安定には不可欠ということを意識し始めました。食事時間のばらつきなどはストレスを感じるので、極力一定の時間になるよう気を配っています。

第4章

季節のエイジングケア

日本には四季があります。季節に合わせた養生もエイジングケアのために欠かせません。春、夏、秋、冬とそれぞれの季節ごとにオススメの過ごし方や食、睡眠・運動、ツボを知って、上手に活用しましょう。

外因・内因・不内外因に分けられる

病気の原因とは？

気候、感情、それ以外の病因がある

東洋医学において、病気とは気・血・津液のバランスが崩れて、自然には元に戻らない状態を指します。そして、**バランスが崩れる原因を「病因」と呼び、3つに分けています。**

ひとつ目が「外因」。体の外から内部に侵入する「邪気」で、主に季節の変化や自然状況が原因となります。季節を6つに分けて、合わせて「六《ろく》邪《じゃ》」とされます（91ページ）。

次に「内因」。例えば、心配し過ぎて胃が痛くなってくる、悩み過ぎて頭が痛くなってくる、という経験がある人も多いでしょう。強い思いは、体に影響を与えるのです。35ページで説明した「いき過ぎた感情も体を痛める」と同じ意味だと思ってください。体に「影響を与える強い思い」は7つに分類されていて「七情」と呼ばれます。

そして**3つ目は「不内外因」**です。外因にも内因にも属さず、心がけ次第で予防できるものです。この3つの要素が絡み合い、動物の体に攻撃をしかけます。そして、気・血・津液のバランスが崩れたときに、病気が発生するのです。

病気を発症する流れ

病気の原因が外から体内に入る	➡	体内で抵抗力と病気が争う	➡	抵抗力が負けると病気になる

原　因

外　因

主に季節の変化によるもの

風邪（ふうじゃ）	風がよく吹く
寒邪（かんじゃ）	寒い
暑邪（しょじゃ）	暑い
湿邪（しつじゃ）	湿度が高い
燥邪（そうじゃ）	乾燥する
火邪（かじゃ）	熱暑

内　因

主に感情や気持ちによるもの

- 怒　長時間の怒りは肝やほかの臓器を傷つける
- 喜　喜び過ぎると気が緩み、心身を消耗させる
- 思　考えすぎるとストレスが溜まり、体に悪い
- 憂　長時間心配していると脾を傷つける
- 悲　悲しみは気を消失させ、肺を傷つける
- 驚　極度の緊張状態はストレスが溜まる
- 恐　恐れは気が下降し、気血が乱れる

不内外因

生活習慣や遺伝によるもの

- 不摂生な食事
- 不規則な生活
- 外傷
- 遺伝
- 体に負担となる出産
- 中毒や不適切なサプリ

「六邪」に負けない体づくりをする

季節の養生が必要な理由

体の機能を上げ、邪気を退ける

季節によって分類される「六邪」。例えば「寒邪」は主に冬の邪気で、寒さや冷えのことを示します。それが体に入り込むと悪寒、発熱、足腰の冷えなどの症状となって現れます。「燥邪」は空気が乾いて乾燥してくる秋の邪気。体内の水分不足を引き起こし、皮膚や被毛のぱさつき、のどが渇くといった症状となります。

季節の養生は、こうした「六邪」に負けない体づくりをすることが目的です。春ならば「肝」をいたわる食材を取り入れたり、目の疲れを取るツボを押してみたりする。夏ならば体の熱を下げる食材を食べる、暑さの影響を受けないように早起きして行動する。そうして体の防御機能を整え、季節特有の「邪気」を退けるのです。

また、東洋医学には「冬病《とうびょう》夏《か》治《ち》」という考え方があります。これは**「冬の病気にかからないように夏に養生しておく」という考え方**。簡単に言うと体を冷やし過ぎず、陽気を体内に溜めておくように過ごすことです。そのように養生を行うことで、長期的な健康を保つこともできます。

冬病《とうびょう》夏《か》治《ち》

関節痛、鼻炎、冷え性などの冬の病気にかからないようにするには、夏の過ごし方が大事という考え方。すなわち冬の病気を夏に治すという考え方です。体へ陽気を溜めておくため、冷たいものの飲み過ぎ、冷房の冷やし過ぎなどに注意します。

六　邪

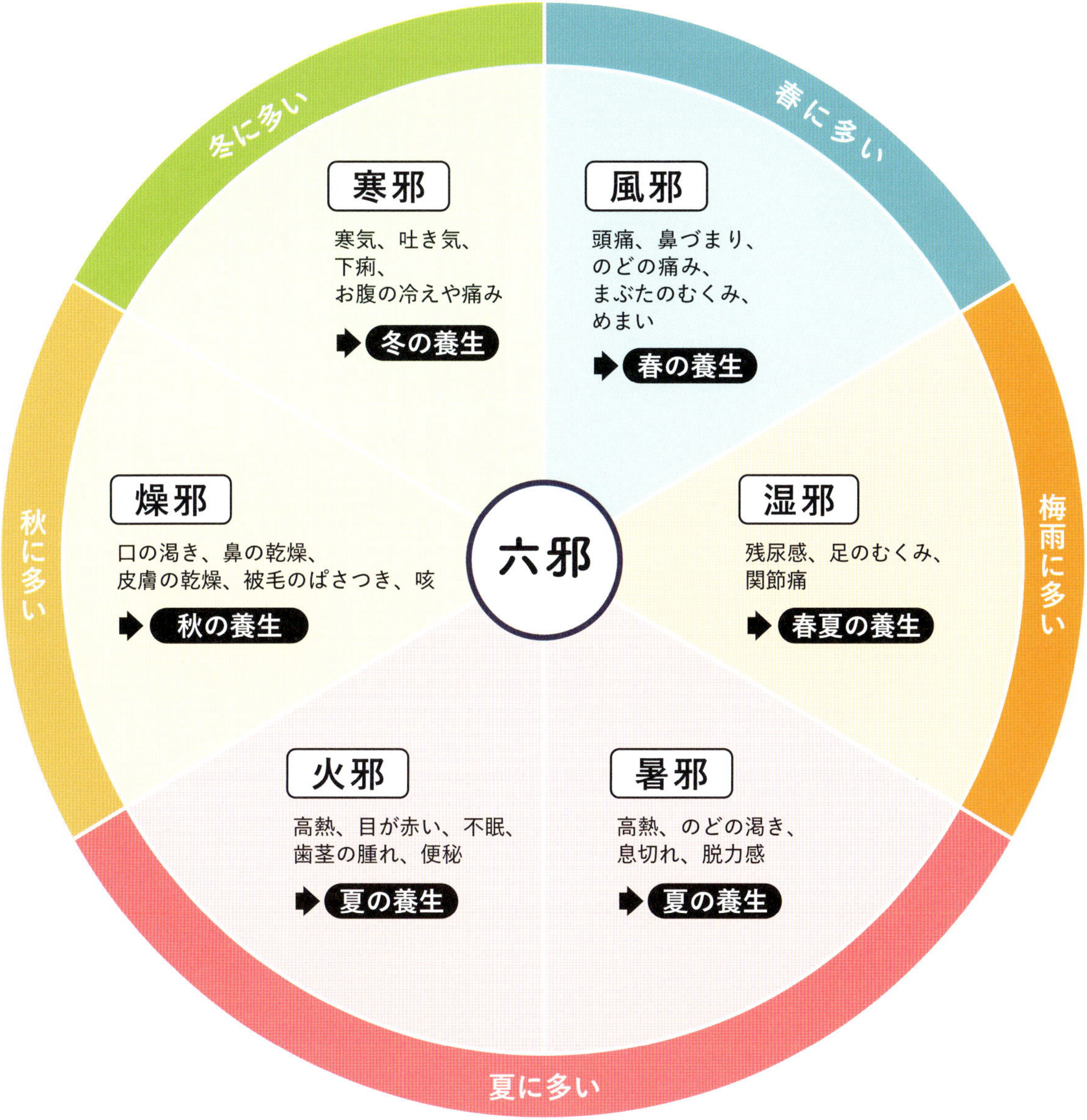
六邪
春に多い
風邪
頭痛、鼻づまり、
のどの痛み、
まぶたのむくみ、
めまい
春の養生
梅雨に多い
湿邪
残尿感、足のむくみ、
関節痛
春夏の養生
夏に多い
暑邪
高熱、のどの渇き、
息切れ、脱力感
夏の養生
火邪
高熱、目が赤い、不眠、
歯茎の腫れ、便秘
夏の養生
秋に多い
燥邪
口の渇き、鼻の乾燥、
皮膚の乾燥、被毛のぱさつき、咳
秋の養生
冬に多い
寒邪
寒気、吐き気、
下痢、
お腹の冷えや痛み
冬の養生

体に陽気を取り入れ、活動的に過ごす

Spring

春の養生

徐々に体を慣らしていくこと

土の中で眠っていたカエルが目を覚まして外に出てくる。つぼみがほころび、花が咲き始める。そのような出来事からもわかるように、東洋医学では、春の三箇月を「発陳《はっちん》」といい、「発生」の季節とされます。すべての物が芽生えて、天地間の万物が生き生きと栄える季節です。陰陽でいえば、「陰」から「陽」が徐々に長くなり、春分を境にして「陽」が強くなります。

つまり、冬の間に縮こまっていた万物が活動的になり、ぐんぐんと成長する季節なのです。この季節を健康的に過ごすためには、**大気に発生した「陽」の気を体に取り入れることが大事**です。そして、取り入れた**「陽」の気を大事に育てること**です。これは人も犬も同様です。

暖かくなると活発に動き回りたくなりますが、それでは「陽」の気は育ちません。徐々に散歩の時間を長くするなど、少しずつ体を動かして「陽」の気に慣らしていきましょう。

また現代社会では、春は生活環境の変化が大きく、**ストレスが溜まりやすい季節**でもあります。飼い主さんの環境が変われば犬にも影響を与えます。心をゆっくり休めることも大切です。

春にありがちなコト

● なんとなくイライラする

気温が上がったり下がったりして不安定な日が多く、自律神経が乱れがちになります。これは人も犬も一緒。いつもよりもちょっとだけ神経質になりがちです。

● ストレスがかかりやすい

引っ越しや進学・就職など、飼い主さんの環境が変わりやすい季節です。その変化を敏感に感じ取り、犬にもストレスがかかりやすくなっています。

● お腹の調子が悪くなる

イライラしたり、ストレスがかかることで、犬は食欲不振・下痢・嘔吐といった消化器症状が多く見られます。いつもとごはんの食いつきが違うなと思ったら注意です。

● 目の調子が悪くなる

心身の機能が活発になり、栄養素の合成や血液の解毒を担当する肝臓がフル活動します。肝臓が疲れてしまって働きが鈍ると、大量の血液を必要とする目の働きも鈍くなります。

Spring

春 オススメの過ごし方

朝は早く起きる

中医学の思想では、春は「夜更かしをしても良いけれど、朝早く起きる」となっています。朝のすがすがしさを感じましょう。

早起きしたら散歩する

朝は一日の中で、もっとも清い気に満ちています。体の隅々まで、すがすがしい気を入れるようにゆったりと体を動かしましょう。ダッシュなど激しい運動をするよりも、犬と一緒にのんびり散歩するのがベストです。

陽の気を体に取り入れる

「陽」の気を取り入れるために、意識的に体を動かすことが大事です。激しい運動は必要ありません。犬と一緒にちょっと遠くまでウォーキングなどすると良いでしょう。飼い主さんも犬も、心身にたっぷり「陽」の気を得られます。

旬の食材を取り入れる

春に大活躍する肝をいたわってあげましょう。そのためには、旬の食べ物を取り入れることが大事です。94ページを参考に、犬の食事にトッピングしてあげてください。

疲れを感じる前に休憩する

活発に動いたり、環境が変わったりすることで、人も犬も心身に疲れを感じやすい季節です。とくに子犬やシニア犬には、寒暖差などもあり体力を使います。意識的に休憩を取り入れ、「陽」の気を逃さないようにしましょう。

＼ 注意 ／

こういった春の過ごし方ができないと肝を痛めることになり、夏になって寒性の病（汗をかかずに体が冷えてしまうこと）にかかりやすくなります。

食

イライラする気持ちを静めるため「肝」をいたわる食材を取り入れる

「肝」が失調すると怒りっぽくなる

気温が不安定な春は、**気の流れが悪くなり、どうにもイライラしやすくなります**。東洋医学でいえば、気の流れを司る「肝」に負担が大きくなる状態です。「肝」は「怒り」を司る器官でもあるので、「肝」が失調すると余計に怒りを感じやすくなるという悪循環。つねにイライラしているのは心身にもよくありません。**季節の食材を取り入れて、「肝」をいたわりましょう。**

オススメは、青菜やシュンギク、タケノコ、セロリなど。春の旬の食べ物は、「肝」の働きを整え、気を巡りやすくしてくれます。

春の食事

- 「肝」をいたわる食材を取り入れる
- 春の旬の食材を取り入れる

セロリ

硬い部分はかみ切れない可能性があるため、小さくカットして与えましょう。

コマツナ

加熱して、小さくカットして与えること。また結石ができやすい犬にはやめておきましょう。

ほかにも！春の食材

キャベツ
胃腸の働きを改善し、気血の巡りを良くしてくれます。小さく刻んで生で与えるのがベスト。

ナバナ
気血の巡りを良くし、イライラや目の充血解消に役立ちます。必ずゆでてから与えましょう。

ソラマメ
体に溜まった余分な水分を排出してくれます。ゆでてから皮をむき、小さくしてから与えます。

タケノコ
体の熱を取るので、イライラを解消します。アク抜きして、細かくカットして与えましょう。

Spring

睡眠・運動

早起きして散歩に行き良い空気を取り入れる

冬の間固まっていたものを緩める

　春は、だんだん強くなる陽気を体に取り入れる季節です。そのためには、早起きして散歩に行くのがベスト。早朝の空気がいちばんきれいなので、上質な「清気」を取り入れることができます。冬の間に縮こまっていた体を、徐々に陽気に慣らしていくのが大切なので、ストレッチやウォーキングで筋肉を緩めてあげましょう。

　こういったことを念頭に、愛犬に行うならば「早朝にゆったりと散歩する」、「ダッシュするよりも小走りで体を慣らせる」、「マッサージで体をのばしてあげる」運動が有効となります。

　また、春は「肝」の負担が高まります。「肝」が活発に動く午前1～3時は就寝して、その動きを助けてあげられるとグッドです。

春の睡眠

- 早起きを心がける
- 「肝」が活発になる午前1～3時には寝る

春の運動・散歩

- 楽な服装でのびのびと歩く
- きれいな早朝の空気を取り入れる
- 筋肉をのばすようにマッサージする
- ダッシュよりも小走りなどで、
  冬の間に固まっていた筋肉をほぐす

Recommendation

オススメ食材

コマツナ

「涼性」で、体の余分な熱を取ってくれるため、春先に多いイライラした気持ちを静めてくれます。消化を助けるので、消化不良・便通改善の効果も。また春に多い不眠対策にも有効です。

セロリ

「涼性」で、体の熱を下げてくれる効果があります。香りがよく「気」を巡らせてくれるので、気分をすっきりさせてくれます。春になんとなく起こるイライラの解消に効果的とされます。

ツボ

イライラした気持ちを抑えるツボで穏やかに過ごす

弱りやすい「肝」をケアする

東洋医学において、春は命が芽吹き、万物が生き生きとし始める季節。それと同時に、なんとなく気分がイライラしたり、不安定になったりする季節でもあります。これは犬も同じで、春は実はストレスを抱えやすい時期です。**愛犬のストレスを発散させ、気持ちを穏やかにさせることが健康を保ち、エイジングケアにつながります。**

また、前述したように、春は「肝」が弱りやすい季節。「肝」は、生命エネルギーである気を全身に巡らせる大事な役割を持っています。この「肝」が弱ると、爪や目に影響が出ます。そのため春には、目がショボショボしたり充血したりという症状が増えるのです。毎日のツボ押しで、ケアしていくと良いでしょう。

労宮《ろうきゅう》

「苦労を取る」という意味で、興奮した神経を静め、緊張を緩めてくれます。イライラしやすい春は、愛犬の心身を労宮で休めてあげましょう。

前足のいちばん大きな肉球の、すぐ上のくぼみ。左右どちらの足にもあります。

飼い主さんの手で足をつかむようにして、親指でゆっくりと押していきます。

大型犬の場合

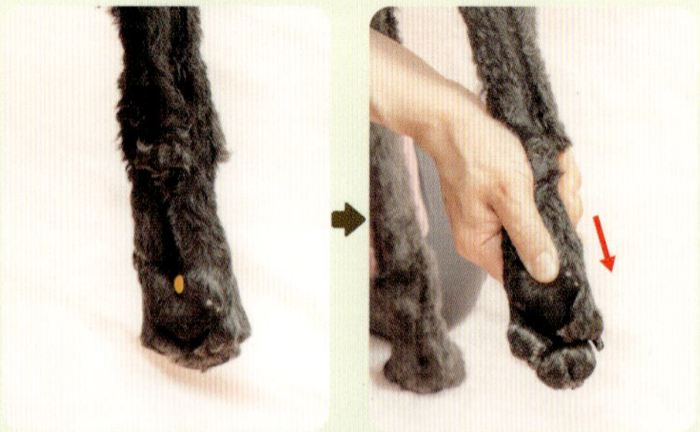

大型犬も同じく、いちばん大きな肉球のすぐ上にあります。肉球側に向けて押すと力が入りやすいです。

耳尖《じせん》

ストレスを軽減するツボで、輸送される家畜のストレス対応策として使用されているそう。乗車30分以上前に押しておくと、車酔いにも効果的です。

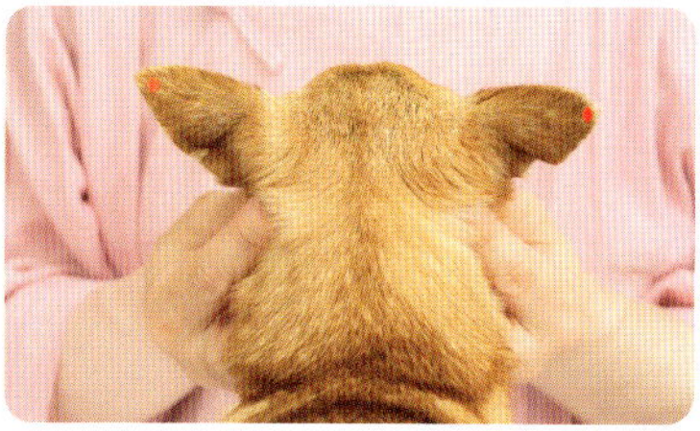

両耳のほぼ先端にあります。犬の耳の形はさまざまですが、立ち耳・垂れ耳でも同じと考えてOKです。

親指と人差し指でつまんで、撫でさするようにすると良いでしょう。

垂れ耳の場合

垂れ耳の場合、耳のいちばん長い部分の先端だと思ってください。両耳を同時に押してあげると効果的です。

晴明《せいめい》

春は目がショボショボしたり、かすみやすい季節。晴明は目の疲れ、充血、眼精疲労に効果のあるツボです。嫌がる犬には無理しないように。

両目の目頭にあります。涙の排出口である涙点に近いため、涙の排出を促す効果も期待できます。

両目の目頭を親指で軽くつまむようにして押します。デリケートな部分なので、犬が嫌がったら無理しないこと。

長頭種の場合

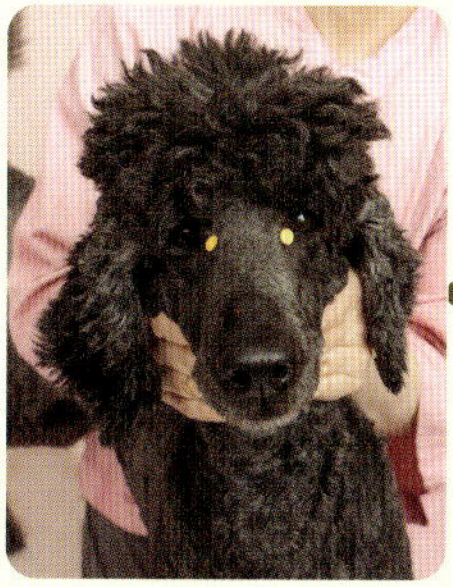

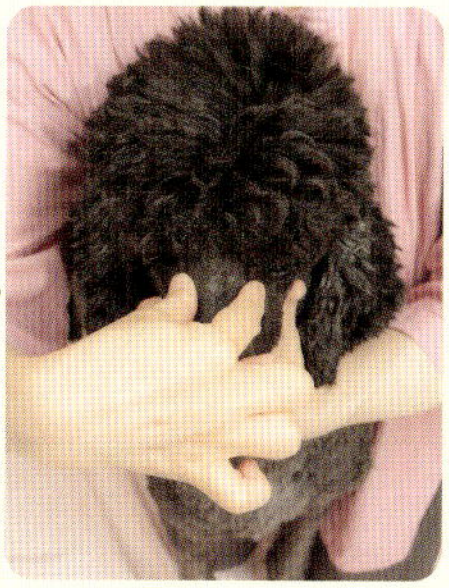

スタンダード・プードルのように頭の長い犬は、マズルをつかむようにして押すとやりやすいです。

体にこもった陽気を上手に発散させる

Summer

夏の養生

熱が溜まると「心」を痛める

夏の三ヶ月を「蕃秀《ばんしゅう》」といいます。天地の間で陰陽の気が盛んに交流して、どんどんと世界に「陽」の気が満ちていきます。「陽」である日中が長くなり、「陰」である夜が短くなります。木々の緑が鮮やかになっていく、太陽がぐんぐんと力を増していく時期で、万物が「生長」します。この時期、とくに最近ではあまりの暑さに心身ともにバテる人が多くなっています。犬の夏バテ、熱中症もよくいわれるようになりました。

夏の養生法は昔から「日の長さ、暑さをいとわずに、怒りっぽくならないで気持ちよく過ごすこと」といわれています。夏はどうしても体に「陽」の気がたまりがち。**「陽」の気が過剰にたまると体が熱っぽくなり、心を痛めます**。すると気持ちも乱れ、怒りっぽくなります。

上手に「陽」の気を発散するためには、適度に汗をかくことです。犬でいえば、冷房の効いた部屋にこもりっぱなしにさせるのではなく、気温が比較的に低い夜や早朝などに散歩に行って、「陽」の気を発散させましょう。しかし、犬は人よりも暑さに弱いため、十分な温度管理が必要です。室内ドッグランなども活用しましょう。

夏にありがちなコト

● お腹の調子が悪くなる

人と同じで、ずっと冷房の効いた室内にいたり、冷たい水を飲み過ぎたりすると、お腹の調子が悪くなります。また、熱中症が進むと下痢や軟便が出ることがあります。

● 熱中症になる

人よりも体高の低い犬は、日差しだけでなく道路からの輻射熱も浴びてしまい、熱中症の危険が高まります。暑い時間帯に外に出たり、冷房の効いていない車に乗ったりするのは止めましょう。

● 皮膚炎になる

高温多湿の日本の夏は、犬にも過ごしにくい季節です。この時期に人があせもで悩まされるように、犬も自分の被毛で皮膚が蒸れて皮膚炎や外耳炎などの病気が増えます。

● 夏バテする

犬は全般、暑さや湿気に弱い生き物です。環境によっては、人同様に夏バテを起こします。動きがにぶい、食欲が落ちた、散歩に行きたがらないなどが出たら、夏バテの可能性があります。

Summer

夏 オススメの過ごし方

夜は遅く寝て朝は早く起きる

夏の養生では、夜は遅くても構いませんが、朝早く起きることが大切です。日の出とともに起きて、気持ちいい空気の中で散歩に行くのも良いでしょう。

旬の食べ物を取り入れる

キュウリ、トマト、ナスなど夏野菜と呼ばれるものは、体を冷ましてくれる食性を持っています。日々の食事に取り入れ、体の中から熱を逃がすようにしましょう。

「陽」の気を適度に発散する

「陽」の気が体にこもると体温が上がってしまい、心を痛めます。ほどほどに汗をかいて、発散させることが大切です。犬の場合は汗をかかないので、適温の中で適度な運動をさせることを目指しましょう。

物事にイライラしない

どちらかというと飼い主さんの心構えです。暑いとどうしてもイライラしがちですが、そんな雰囲気は犬にも伝わって、犬のストレスになります。気持ちを愉快に保ち、暑さを笑い飛ばすくらいの気持ちで過ごしましょう。

冷房を浴びすぎない

愛犬のために、ずっと冷房をつけている飼い主さんも多いでしょう。当然必要なことですが、犬もずっと直接冷房を浴びていると体を冷やします。犬が寒いと感じたとき、避難できる場所を用意しておきましょう。とくに留守番時に注意！

＼ 注意 ／

こういった夏の過ごし方ができないと、陽気が体に溜まった状態になり、秋に発熱したり悪寒を感じたりするようになるといわれます。

食

体を冷ます食材を取り入れて！熱中症予防にもなります

夏野菜は血の流れをクリアにする

どうしても暑さで体にダメージを受けやすい時期です。**体を冷やす効果のある食材を取り入れて、クールダウンを図りましょう**。キュウリ、ニガウリ、トウガン、トマトなどの夏野菜は、湿気や体の熱を外に逃がす効果があります。夏に痛めやすい「心」を補い、滞りやすい血の流れをクリアにしてくれる効果も期待できます。

冷たいものを取りすぎると、**消化吸収を司る「脾」の負担が増えます**。これを補うためにオクラやモロヘイヤなどもオススメです。

夏の食事

- 体の熱気を逃がしてくれる食材を取り入れる
- 「心」「脾」を補う食材を取り入れる

キュウリ

水でしっかり洗ってから、愛犬の大きさに合わせてカットしましょう。小型犬は小さく刻んであげて。

オクラ

ヘタを取り除いて、細かくして与えます。生でも加熱してもOK。腎臓病の犬は獣医師に相談を。

ほかにも！ 夏の食材

ナス
水分が多く、体の余分な熱を冷ましてくれます。皮は固いので、生で与えるなら細かくカットを。

ゴーヤ
体を冷やす効果があります。夏バテにも効果あり。種は取り、ゆでて細かくカットしましょう。

インゲン
「脾」の働きを助けてくれる効果があります。与える際は必ず加熱して、小さくカットします。

スイカ
体の熱を取り、水分を補給してくれます。犬にとっても水分補給のできるおやつになります。

Recommendation

オススメ食材

キュウリ

「寒性」で、体にこもった余計な熱を冷ましてくれる作用、体に水分を補給する作用があります。また、利尿作用があり、体の中の余計な水分も排出してくれるため、むくみ改善にもなります。

オクラ

体を冷やしも温めもしない「平性」。「脾」や「胃」に働きかけ、胃腸の働きを強め、消化吸収を高めてくれます。水分代謝を高め、余分な水を排出します。食欲の落ちやすい夏にぴったりです。

Summer

睡眠・運動　早朝 or 夜に行動するのが基本 睡眠時の温度調整にも注意を

涼しい室内での遊びも取り入れて

高温多湿の夏は、犬にとってもっとも過ごしにくい季節です。『黄帝内経』では「夏は夜に遅く寝て、朝に早く起きる」とされます。つまり、気温が高くなる日中を避け、比較的涼しくなる早朝と晩に活動しようと伝えています。

現代でいえば、散歩の時間に注意しましょう。気温が涼しくなっても、道路からの輻射熱で犬が熱中症になる可能性もあります。必ず道路の熱を確認するように。愛犬の運動不足が気になるなら、室内での遊びを増やしたり、室内ドッグラン、犬用プールなどを有効に活用すると良いでしょう。

睡眠では、就寝時の気温調整に注意。冷房のつけっぱなしは当然ですが、犬が寒くなったときに逃げられるベッドなどがあるとベストです。

夏の睡眠

- 遅く寝て早く起きる
- 犬が自分で体感温度を調整できるようにする
- 「心」が活動的になる午前11～午後1時に昼寝をする

夏の運動・散歩

- 散歩は涼しい時間帯に行くこと
- 道路からの輻射熱にも注意を払う
- 散歩で運動欲求を発散させようとしない
- 室内、犬用プールなど、涼しい場所で遊ぶ

ツボ

暑いからといってイライラせず リラックスして行うのがポイント

夏バテによる胃腸の不調を解消する

　昨今の酷暑は犬にもかなりのダメージを与えていて、夏にもっともよく聞く症状は夏バテです。湿気や高温で食欲が落ちたり、体にだるさを感じたりしがち。愛犬の動きが鈍いな、と思ったら夏バテを疑ってみると良いでしょう。

　東洋医学では、**夏バテの主な原因は胃腸が弱っていることだと考えます**。ここではその考えに則って、**胃腸の不調を軽減するツボを紹介**します。

　また体のだるさには、気の流れを整えてくれるツボも有効です。

　一度にすべてをやろうとせず、1日1箇所でも構わないので続ける意識を持つことが大事です。暑いからと飼い主さんもイライラせず、リラックスした気持ちで行いましょう。

足三里《あしさんり》

胃腸の不調や足の疲れに効果があるツボで、人でもよく使われています。愛犬の食欲がないなと思ったときに試してみると良いでしょう。

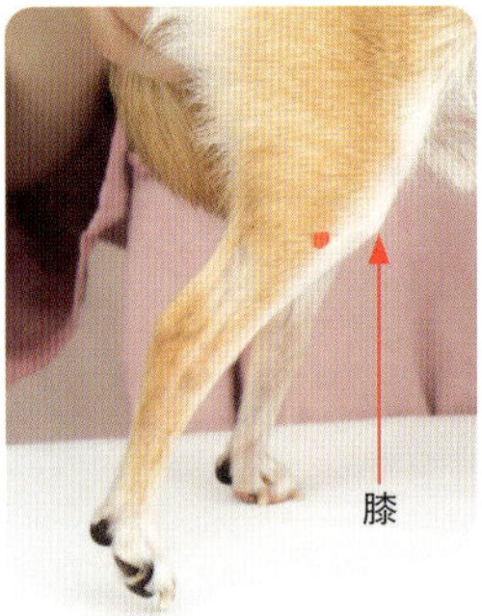

両足の膝の外側の、少し斜め下にあります。写真の位置を参考にしてください。

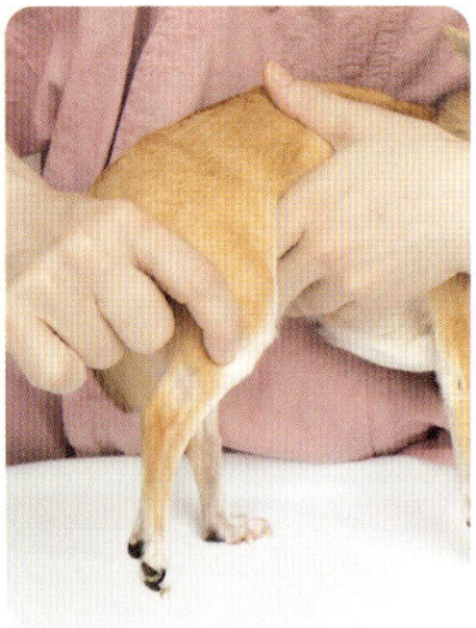

小型犬ならば、両足をつまむようにして人差し指で押すと、力を入れやすいです。

大型犬の場合

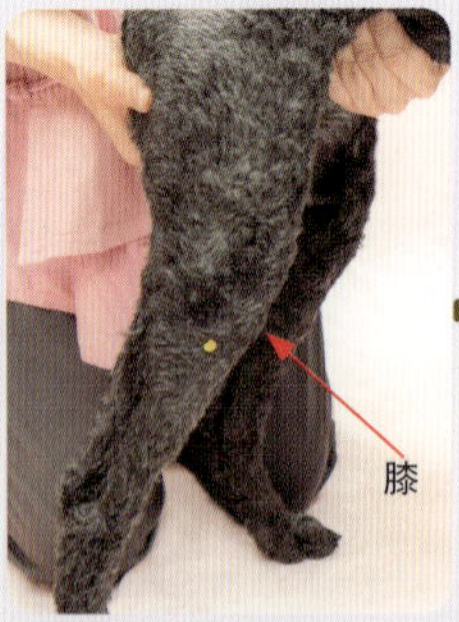

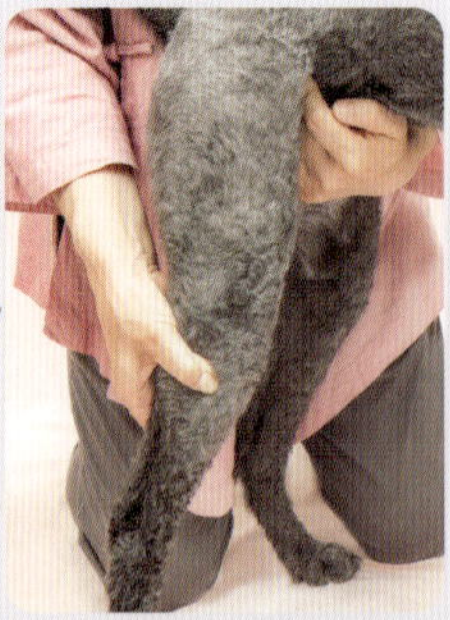

膝の位置は犬によって異なるため、足三里の位置もずれます。大型犬の参考にしてください。

中脘《ちゅうかん》

胃腸トラブル全般に用いられるツボで、中でもストレスに効果があるとされます。夏の暑さに参っている愛犬にぴったりのツボです。

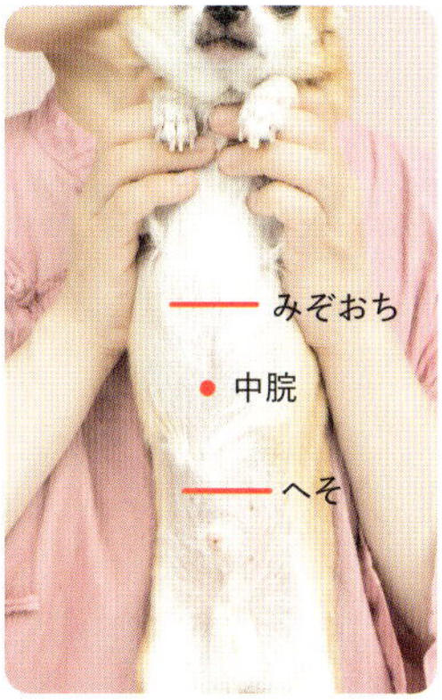

みぞおちとおへその真ん中で、ちょうど胃の真上にあります。

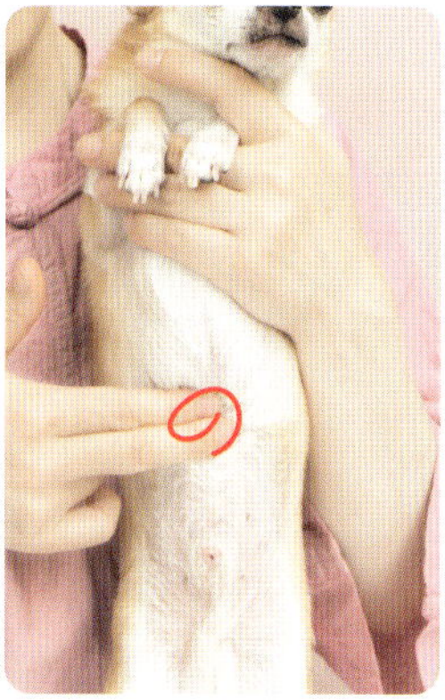

強く押すと胃を圧迫してしまうので、人差し指と中指で「の」の字を書くようにしてツボを押します。

大型犬の場合

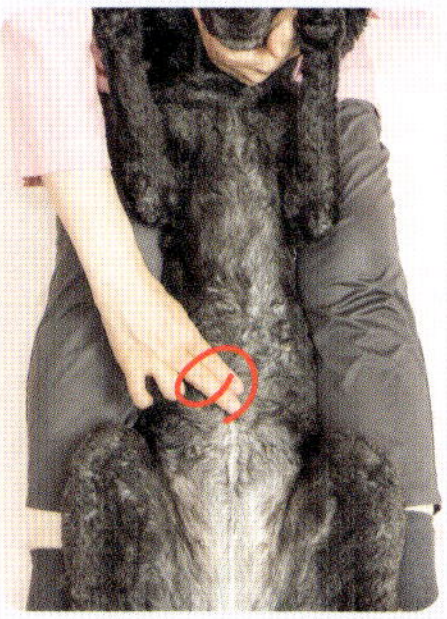

犬種によっては写真のように仰向けにしたほうがツボを押しやすいです。小型犬同様、指で「の」の字を書くように押しましょう。

膻中《だんちゅう》

呼吸が楽になるといわれるツボで、息苦しさや動悸がするときに効果的です。夏の暑さでのぼせ気味になって息苦しいときなどに有効です。

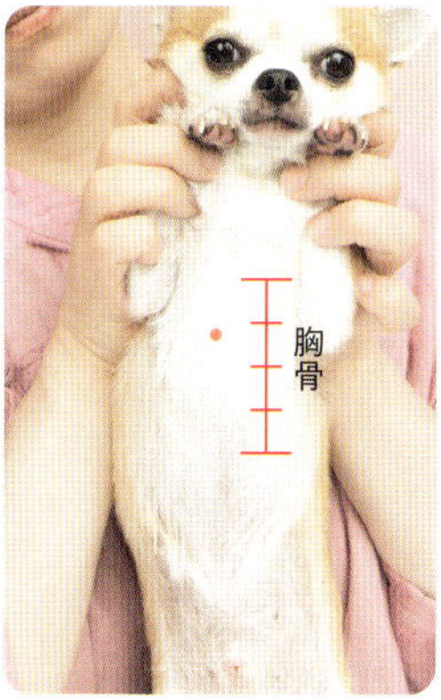

胸骨（のどの下のくぼみからみぞおちまで、体の中央を通る骨）の半分の半分、つまり上から1/4の位置にあります。

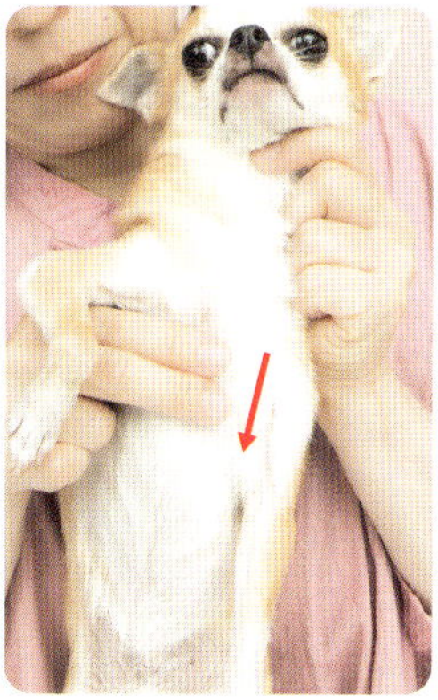

のぼせるのは、頭に気がのぼっているから。気を下ろすつもりで、上から下に撫で下ろしましょう。

大型犬の場合

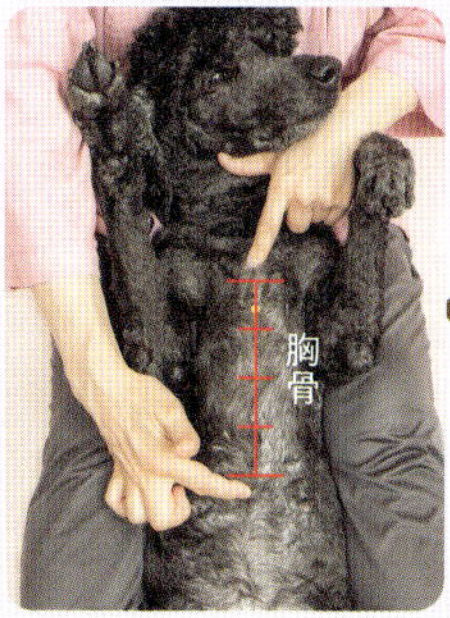

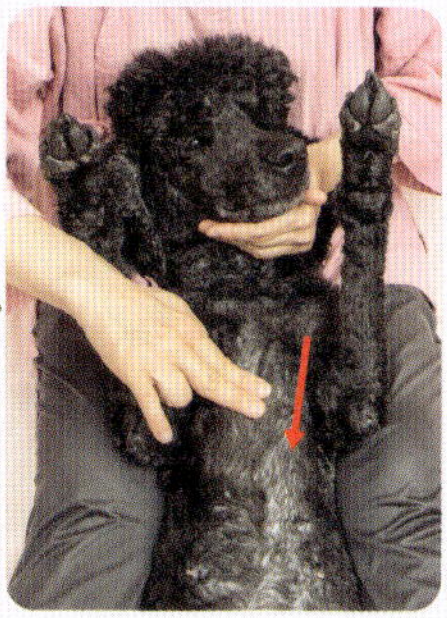

先生が指しているのが胸骨です。この中で、上から1/4の位置が膻中になります。小型犬同様、上から下へ撫でおろすようにツボを押します。

日頃のエイジングケア 04

脳トレを取り入れよう

脳を活性化することでエイジングケアに

「脳トレ」とは、脳の機能向上を目指したトレーニングのこと。トレーニングすることで脳が活性化し、記憶力、集中力、思考力や判断力などが鍛えられます。人でいえば、なぞなぞ、クイズ、漢字や計算問題などが使われていて、これらは認知症予防にも効果的とされています。

こういった「脳トレ」は犬にも効果があり、エイジングケアにもつながります。

例えば、嗅覚を使った宝探しは、犬の「脳トレ」の代表格です。犬の五感の中で嗅覚はもっとも脳に直結しています。嗅覚をフルに使った宝探しは脳の活性化に役立ちます。

最近では犬の知育玩具も増えました。これらも脳トレに役立ちます。嗅覚を使うだけでなく、どうやったらごほうびが取れるのか考えることが脳のトレーニングにつながります。形や大きさ、材質、遊び方などさまざまな知育玩具があるため、いろいろと試してみるのも良いでしょう。

また、オスワリやフセ、マテといった号令トレーニングも脳トレの一種です。「この号令はなんだっけ？」と犬が考えることで記憶を整理し、脳が活性化するのです。犬に考えさせるためにも、毎日同じ順番で号令を出すのではなく、順番を変えたり、リズムを変えたりすると効果的です。

犬にとっては散歩の時間も脳トレになります。いつもと違う道を歩くだけでも「この道は何があるんだろう」と刺激になるからです。においを嗅がせてあげるのも良いでしょう。

散歩では歩き方に変化をつけるのも手です。漫然と歩くだけでなく、早足で歩いたり、ダッシュを取りいれたりすると、犬にも刺激になります。短時間の散歩でも脳が活性化され、良いトレーニングになりますよ。

脳トレは、脳が活性化するという利点だけでなく、犬の運動量消費にもつながります。みなさんも脳を使うと疲れますよね？ 犬も同じです。脳トレすることで適度な体力消費になり、犬にも満足感を与えることができます。

脳トレのメリット

- 脳を活性化させて、若々しさを保てる
- 認知症予防になる
- 自分で考える力が身につく
- 飼い主さんと一緒に行うことで、コミュニケーションになる
- ストレス発散になり、運動量消費につながる

オススメ脳トレ

宝探しゲーム

隠されたオヤツを嗅覚を使って探すゲームです。いちばん簡単なのは、複数の紙コップを用意して、ひとつにごほうびを入れて愛犬に探させることです。小型犬でも楽しめます。普段のフードでもOKですが、このときにだけ登場するスペシャルなごほうびがあると、犬の意欲が増します。

隠れた飼い主さんを探させる、部屋の中に隠したごほうびを探す、などバリエーション豊かに楽しめるのがポイントです。

号令の練習

オスワリ、マテなど普段使っている号令を練習します。順番を変える、タイミングをずらすなど、飼い主さんが号令の出し方を工夫しましょう。そうすることで、犬が考える力を養うことができます。うまくできたらほめてあげることを忘れずに。

ベルを鳴らす、マットの上に乗るなど、トリックコマンドを練習するのも良いでしょう。

散歩

ただ漫然と歩くのではなく、歩く速度を変える、途中で号令をかける、など変化をつけることが大事です。とくに、早歩きは運動量を稼ぐ意味でも有効です。

いつもと違うルートでの散歩も、犬の好奇心・探究心を満足させてあげられます。子犬の頃からさまざまなルートを歩くようにしていると、新しい道にも慣れやすいです。

知育玩具

宝探しと同じ原理で、オモチャの中に入ったごほうびを探すアイテムです。さまざまな種類が多数発売されているので、愛犬に合うものを選びましょう。オヤツを入れて結んだタオル、空のペットボトルなども知育玩具の代わりになります。賢い犬はすぐに解き方を覚えるので、定期的に新しいものを取り入れるほうが脳への刺激としては効果的です。

陽気が徐々にしまい込まれる時期

Autumn

秋の養生

体のバリアが薄くなり体調が崩れやすい

厳しい暑さが収まり、だんだんと空気が澄んでいく秋。さわやかな季節は何事をするのにも向いていて、日本では「食欲の秋」「スポーツの秋」「読書の秋」などと呼ばれます。東洋医学では、秋の三箇月を「容平《ようへい》」の季節といいます。「容平」とは収穫のことで、万物が成熟して収穫されることを示します。物事が収まることから「収斂《しゅうれん》」の季節ともいいます。陰陽では、「陽」の気がだんだんと陰り始め、「陰」の気が強くなっていきます。秋分を境に「陽」より「陰」が強くなります。このような時期なので、生き物も自分の体内の奥深くに「陽」の気をしまい込みます。春から夏にかけて活発だった体の活動すべてが、徐々にしまい込まれる時期だと考えましょう。

この時期は、**「陽」の気がしまい込まれているため、人も犬も体のバリアが薄くなっています。**体調を壊しやすいのはそのためです。また、「陽」の気と一緒に水分も失われやすく、**とても乾燥する時期**です。犬でも呼吸器系の疾患が増えてきます。暑さを感じなくなるため水分を摂らず、さらに呼吸器系を痛めたり、泌尿器系の疾患につながることもあります。適度な水分補給が大切です。

秋にありがちなコト

● 食欲不振

「食欲の秋」といわれる時期ですが、食欲不振に陥る犬もいます。夏の疲れが出てきた、寒暖差などでホルモンバランスが崩れるなどで、食欲が落ちます。

● 泌尿器のトラブルが増える

夏と違って渇きを感じにくくなるため飲水量が減りがちです。そのため、尿量が少なくなって尿が濃くなり、膀胱炎などが引き起こりやすくなります。

● のどや鼻を痛める

空気が乾燥してくると、人ものどがイガイガとしてきます。犬も同様で、のどや鼻の粘膜が弱くなり、細菌やウイルスに感染しやすくなります。体の中に悪いものが入った状態で、肺に負担がかかります。

● 皮膚のトラブルが増える

空気の乾燥が急激に進むため、皮膚トラブルが増えます。10月になっても、ノミやダニに寄生されることも少なくありません。散歩中に草むらに入ったら、ノミ取りコームでブラッシングするなど、対策を取りましょう。

Autumn

秋 オススメの過ごし方

早寝早起きを心がける

「陽」の気がだんだん少なくなっていく季節。貴重な日照時間を有効活用し、太陽の光を浴びるためにも、早寝早起きを心がけましょう。

旬の食材を取り入れる

乾燥する秋は、肺にダメージを受けやすい季節です。体に潤いを与える白い食材を、日々の食事に取り入れましょう。

体の中の気を入れ替える

冬を迎える前に、一度体の中の「陽」の気を入れ替える必要があります。「清涼な気」を体内に入れるため、涼しい空気の中で散歩などをすると良いでしょう。

激しく動きすぎない

「陽」の気をしまい込む時期のため、あまり激しく動きすぎると生命力が枯渇してしまい、調子を悪くします。ドッグスポーツを楽しむならば適度に休憩を入れる、あまり熱くなりすぎないことなどが大切です。

＼ 注意 ／

秋にこういった過ごし方をしないと「肺」を痛めてしまい、冬に下痢がちになるといわれます。

心を安らかにして過ごす

飼い主さんの心得です。秋は憂いの季節ともいわれますが、あまり憂い過ぎると肺を痛めます。また飼い主さんの沈んだ気持ちは犬にも伝わってしまいます。ゆったりと構えたような気持ちで過ごしましょう。

食

乾燥に対抗するために、体を潤す食材を優先的に取り入れる

「白い食材」を意識して食べよう

　秋は水分が失われやすく、乾燥しやすい季節です。そのため、「**肺」を痛めやすいとされます。体を潤す食材を取ると良いでしょう**。五行でいうと秋は白になるので、旬のものとして「白い食材」を取るのがポイントです。とくにナシは水分もたっぷり含まれているので、オススメ食材です。そのほか、レンコンやダイコンもオススメになります。

　また、季節の変わり目で、便が緩くなる、便秘がちになるなど、胃腸の不調を訴えるケースも少なくありません。サツマイモのように**整腸作用のある食材も取り入れるとグッド**です。

秋の食事

- 水分を補える「白い食材」を取り入れる
- 胃腸を整える食材を取り入れる

ほかにも！ 秋の食材

白ゴマ
肺や皮膚を潤す作用があります。そのままだと消化されないので、必ずすりつぶしましょう。

マイタケ
「白い食材」ではないですが、免疫力を高め、気を補う食材です。加熱して小さくカットを。

ハクサイ
11月頃から旬を迎えるハクサイは、水分が多く体を潤してくれます。生でもOKですが、小さくカットを。

カキ
カキも水分が多く、肺を潤します。与える場合は、皮をむいて種を取ります。小さくカットして。

ナシ
皮をむいて種や芯を外し、小さくカットして与えます。水分が多いので、与え過ぎるとお腹を壊す可能性があります。

サツマイモ
生は消化に悪いので、ふかす、蒸すなどしてから小さくして与えます。甘味があり犬が好む味です。食べ過ぎには注意。

Recommendation

オススメ食材

ナシ

「白い食べ物」の代表格で、夏の終わりから秋に旬を迎えます。水分をたっぷり含む「涼性」で、潤いを生み出す、こもった熱を冷ますなどの効果があります。乾燥する秋の季節には最適の食材です。

サツマイモ

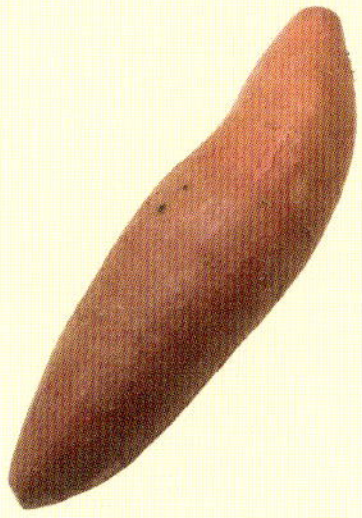

「平性」で、体を冷やすこともあたためることもなく、どんな体質の犬にも向いています。胃腸を元気にして、生命力を養う効果があります。食物繊維が豊富なので、便通改善、むくみ解消にも○。

Autumn

睡眠・運動

寝過ぎは「肺」を痛める！早起きと適度な運動を

はしゃぎ過ぎないことが大切

夏の暑さが鎮まり、過ごしやすいとされる秋。『黄帝内経』では「鶏と同じように、早寝早起きをすべき」といわれています。これは長く寝ていると、秋に痛めやすい「肺」にさらにダメージが入るため。早寝早起きを心がけ、早朝の散歩にするとグッドです。朝のきれいな空気を取り入れ、体の中に溜まった陽気を入れ替えましょう。なお「肺」は午前3～5時に活動的になるので、この時間以降が起きる目安です。

「スポーツの秋」といわれますが、実はあまり激しい運動をすると、「肺」を痛めることにつながります。適度な散歩や運動を心がけましょう。ドッグスポーツなど新しいことに挑戦するなら、秋よりも「陽気」が強くなる春がオススメです。

秋の睡眠

- 早く寝て早く起きる
- 寝過ぎると「肺」を痛めやすくなる
- 「肺」が活動的になる午前3～5時は就寝する

秋の運動・散歩

- 散歩は早朝がベスト
- 激しい運動を控える
- 適度な運動で、体の陽気を入れ替える
- 新しいことには挑戦しない

ツボ

呼吸器に効果のあるツボで体の免疫力アップを図る

予防のために毎日続けること

東洋医学において、秋は「燥」の季節です。**とても乾燥しやすい季節で、「肺」を痛めやすい**とされています。「肺」は呼吸を通して清気を体内に取り入れる、皮膚の調節を行う、水分代謝を調整するなどの役割があります。

その「肺」を痛めると、咳が出る、鼻が詰まるなどの呼吸器症状が出たり、また皮膚にかゆみなどが出たりしやすくなります。

次の３点のツボを取り入れて、**呼吸器を中心に体全体の免疫力アップを図りましょう**。冬の寒さを乗り切る準備にもなります。大事なのは、愛犬の調子が悪くなってから慌てて行うよりも、予防のために毎日続けるという意識を持つことです。

迎香《げいこう》

名前の通り、犬の鼻水、鼻づまりなどに効果のあるツボです。デリケートな部位なので、やさしく扱うことを心がけて。

左右の小鼻の横にある、小さなくぼみです。

両手で顔を抱えるようにすると安定します。やさしく親指を当てて軽く押します。

大型犬の場合

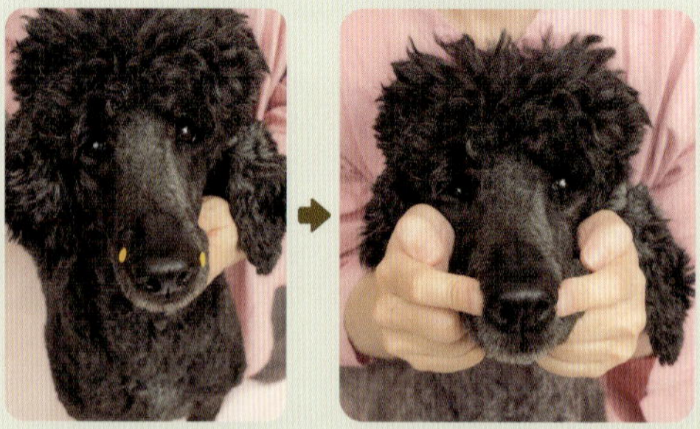
小型犬同様、小鼻の横にあるくぼみが迎香です。人差し指を当てて、軽くくぼみに押しこむようにしましょう。

大椎《だいつい》

熱を下げたり、咳を止めたりするのに効果的です。また、大椎は首のうしろのツボですが、鼻づまりや鼻水にも効果があります。

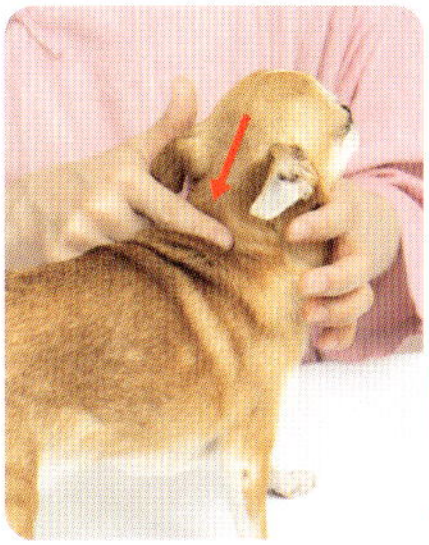

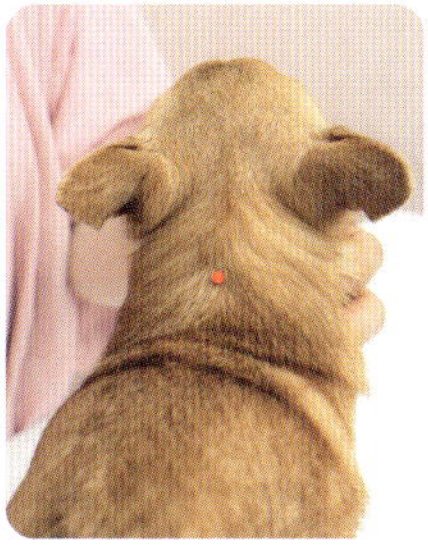

犬の頭頂部から首にかけて撫で下ろした手が止まるくぼみです。首の付け根と意識しましょう。

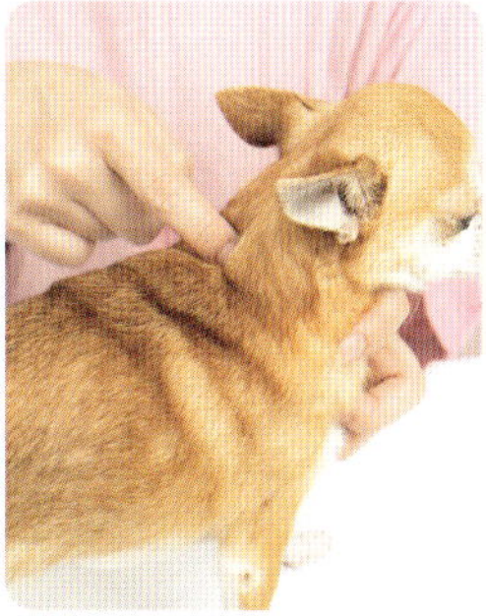

人差し指をくぼみに押し込むようにします。

大型犬の場合

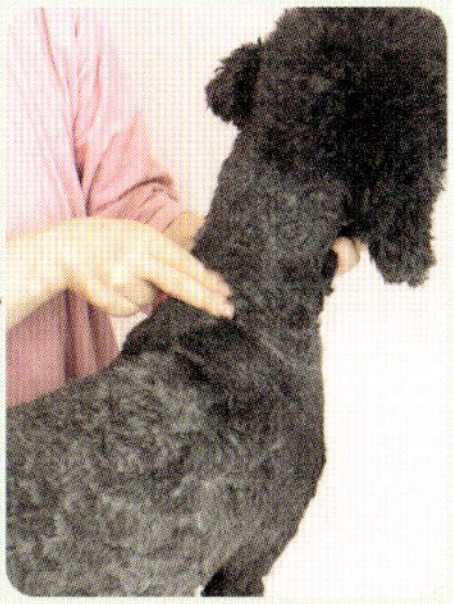

首の付け根のくぼみが大椎です。大型犬ならば2本の指で押しても良いでしょう。

中府《ちゅうふ》

「肺」の気の流れの上にあり、呼吸機能を高めるツボです。咳、ぜんそく、花粉症による呼吸器症状に効果的といわれます。

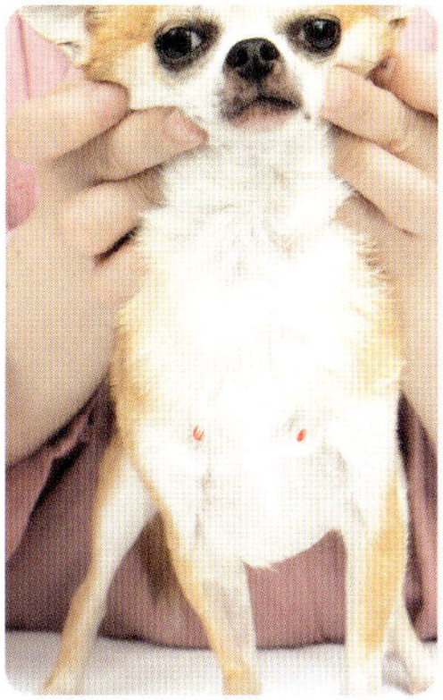

前足の先端から上に向けて、指で撫で上げるようにして、最初にくぼんだところです。前足と胸骨の境目あたりにあります。

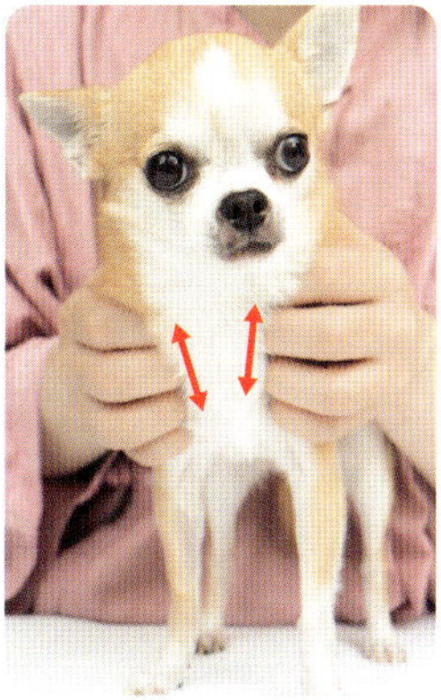

くぼみに指をかけて、上下に撫でさするようにすると効果的です。

大型犬の場合

小型犬同様、足を上に撫でていって、最初にくぼんだ部分にあります。立たせた姿、もしくはオスワリだとツボを押しやすいです。

体を冷やさないことを第一に考える

Winter

冬の養生

体内の陽気を大切にして過ごす

冬は「閉蔵《へいぞう》」といい、万物が閉じこもる時期です。「陽」の気から遠ざかり、静かに眠る季節です。昔ほど厳しい寒さがなくなった現代ですが、それでも「すべてが眠った感じ」というのは冬独特の雰囲気として感じ取れるでしょう。

この時期は、秋に体内に取り入れた新鮮な**「陽」の気が、体の奥深くに貯蔵されている時期**です。外にも「陽」の気が少ないため補充することは難しく、春まで体内の「陽」の気を大事にしていかなくてはなりません。そのためには、**あまり活動的にならず、体を冷やさないことが大切**です。

犬も同じです。人よりも寒さに強い生き物ですが、**過剰な冷えや運動は体を痛めます**。散歩は暖かい時間帯に行くようにして、太陽の光を体に浴びるようにしましょう。早朝や深夜など寒さの厳しい時間はさけるほうがベストです。

また、犬は寒さに強いとはいえ、留守番時や就寝時に暖房を消してしまうのはNG。暖房のタイマーを使って、暖かさを保つようにしてあげましょう。犬が熱くなったときに逃げられるように複数の場所にベッドを用意しておきます。84ページからの温活も参考にしてください。

冬にありがちなコト

● お腹の調子が悪くなる

寒くてお腹を壊すというよりも、体を動かさなくなって食事量が減る。それを気にした飼い主さんがいつも食べていない物を食べさせてお腹を壊す、というケースが多くなります。年末年始はスケジュールがいつもと変わり、それがストレスになってお腹を壊すケースもあります。

● 足や腰を痛める

寒いと関節や筋肉が強ばるのは、犬も人も同じです。急激に動かすことで痛めたり、運動量が減って筋肉や関節が弱くなることもあります。暖かい時間帯に、適度な運動を心がけましょう。

● 循環器、呼吸器を痛める

急激な温度変化は循環器や呼吸器に負担をかけます。暖かい部屋から寒い外に散歩に行くなら、少し前から暖房を切って体を寒さに慣らせる、防寒着を着せるなどの対処を取りましょう。

Winter

冬 オススメの過ごし方

早く寝て ゆっくりと起きる

日没・日の出に合わせて、早めに寝てゆっくりめに起きるのが良いとされています。「陰」の時間である夜は、静かに寝て過ごしましょう。

寒い刺激を避け、体を暖かく包む

自分の気をなるべく体内に留めておくことが大切です。寒さに強い犬でも、風が吹く場所に長時間いるなど、体温が下がる行動は控えたほうが良いでしょう。チワワやトイプードルなど寒がりの犬種はとくに要注意です。

旬の食材を取り入れる

生命力を司るのは腎です。腎をいたわるような食材を取り入れましょう。カブやレンコン、カリフラワーなど体を温める食材も効果的です。

静かな季節に充実感を持つ

飼い主さんの心構えです。あれもこれも、と欲望のままに動くのではなく、静かに過ごすことに充実感・満足感を持ちましょう。愛犬とくつろぎながら体を回復させる。冬はそんな季節です。

寒い時間帯の運動を避ける

寒い時間帯に活発に活動すると、「陽」の気が減少してしまいます。これを続けると、春先に生命力が回復できないことも。暖かい時間帯でほどほどの運動を行いましょう。

＼ 注意 ／

こういった冬の過ごし方ができないと、春になって足腰を痛めるようになるといわれます。

食

体を温める食材を取り入れ「腎」をいたわって過ごす

「腎」は生命力の源の臓器

気温が下がる冬は、「腎」の働きが鈍くなりがち。**「腎」は生命力の源ともいえる大切な臓器です。働きを助ける食材を取り入れる**ようにしましょう。主な食材として、黒ゴマ、黒豆、黒キクラゲなど「黒い食材」が挙げられます。

また、**体を温める食材、補腎作用のある食材も積極的に取り入れましょう**。前者にはカブのほかニンジン、レンコンなどの根菜類があります。後者にはクコの実、クルミなどの木の実類、昆布やひじきなどの海藻類が含まれます。

冬の食事

- 「腎」を助ける食材を取り入れる
- 体を温める食材を取り入れる

カリフラワー

生は固くて消化しにくいため、細かく刻むこと。加熱し過ぎると栄養素が溶けるので、ゆで時間は短めに。

カブ

実の部分は皮をむき、生もしくは加熱したものを細かく刻んで与えます。すりつぶしてもOK。

ほかにも！ 春の食材

ダイコン
胃腸の調子を整えますが、体を冷やす傾向があります。加熱してすりつぶすか、小さく刻んで。

ビーツ
血流を改善し、痛みを和らげる働きがあります。硬いので、加熱して柔らかくしてあげます。

カボチャ
体を温める効果があります。冷えやだるさに効果的。カロリーが高いので与える量に注意を。

ブロッコリー
胃腸を元気にする効果があります。厚めに皮をむいて、小さく刻んでからゆでて与えます。

Recommendation

オススメ食材

カブ

カブは生食だと「涼性」、熱を入れると「温性」に傾きます。消化を助けてくれるので、胃が重たいとき、消化不良を改善する効果があります。また、水分も多いので、乾燥する冬にはぴったりの食材です。

カリフラワー

「平性」で「腎」をサポートする働きがあります。食欲を増進させる、元気を補う、足腰の疲れを改善するといった効能が期待できる食材です。筋肉や骨を強くし、老化防止にも○。

Winter

睡眠・運動　寝ているときの温度に注意　散歩は日の出ている時間で

毎日こまめに動くことが大切

東洋医学の観点からいうと、冬は「万物の陽気が遠ざかる」季節。体の中の陽気を逃がさないために、暖かくして過ごすことが大切です。とくに寝ているときに体が冷えてしまわないように、暖かいベッドを用意する、湯たんぽを入れるなど対処してあげましょう。冬の朝はゆっくり起きると『黄帝内経』も朝寝にOKを出しています。

散歩は日中、太陽の出ているうちが基本です。人の場合、激しく動いて汗をかくと、陽気が過剰に発散されてしまいます。犬も同じなので、適度な運動を心がけましょう。例えば「休日にドッグランで爆走する」などのように、いきなりたくさん動くよりも、毎日こまめに動いているほうが、陽気が体に回りやすくなります。

冬の睡眠

- 早寝遅起きでOK。日が昇ってから起きると良い
- 寝ているとき体が冷えないよう工夫する

冬の運動・散歩

- 激しく動くと陽気を逃がしてしまうので、適度な運動を心がける
- 毎日こまめに動くほうが、体に陽気が回りやすい
- いきなり動くと関節や筋肉を痛めやすいので、マッサージで体を緩ませる

ツボ

エイジングケアにも大切な「腎」を助けるツボを活用

ツボは体を温める効果もある

暖冬だといわれる昨今ですが、冬の寒さが体を痛めることには変わりありません。とくに「腎」に大きな負担がかかります。

この「腎」は精気を蓄えたり、成長をコントロールしたりする役割があり、もっともエイジングケアと関係が深い臓器です。**冬に「腎」をないがしろにすると、健康に影響が出てしまい、老化につながってしまう**ことも。補腎（腎を助ける）の役割を持つツボで、ケアしましょう。

また冷えは犬にとっても大敵です。腰や足の痛みにもつながります。**体を温めるツボもどんどん活用していきましょう**。84ページに掲載した「温活」と合わせると、さらに効果が期待できます。

湧泉《ゆうせん》

「腎」の働きを高め、血液循環の改善に効果のあるツボです。血行がよくなれば体が温まるので、冷えやむくみにも効果があるとされます。

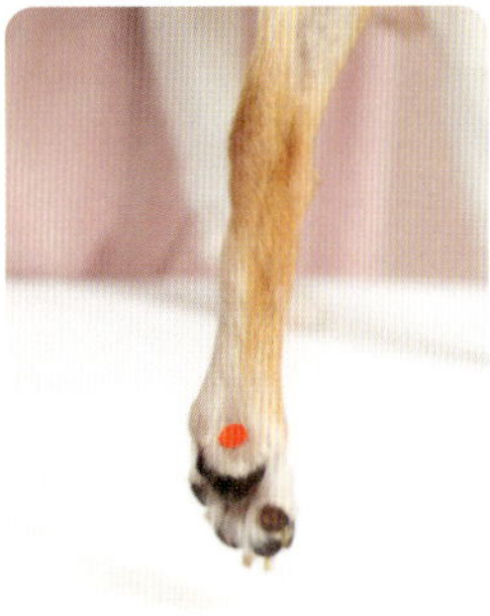

後ろ足のいちばん大きな肉球の下にあるツボです。肉球の下のくぼみを見つけましょう。

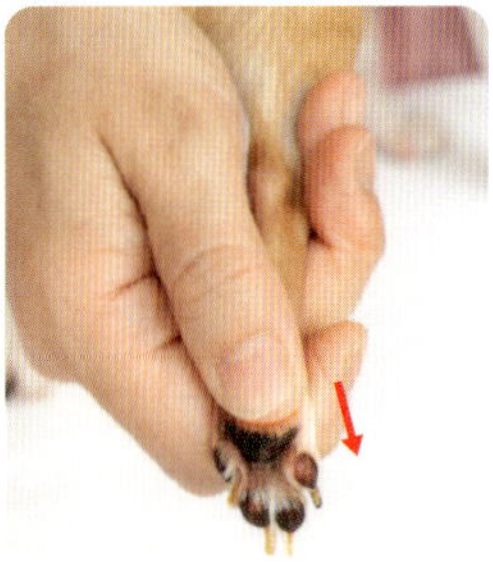

肉球を押し上げるようにして、ツボを押します。

大型犬の場合

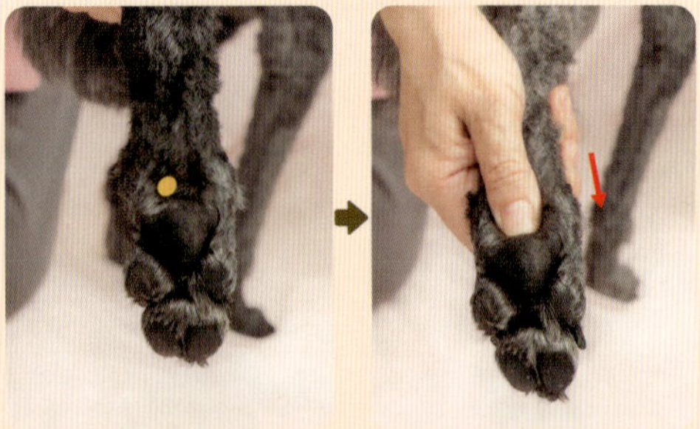

大型犬も同じように、後ろ足のいちばん大きな肉球の下にあります。親指で肉球を押し上げるようにしてツボを押します。

腎《じん》兪《ゆ》

その名の通り、「腎」を癒やすツボです。泌尿器に影響するだけでなく、老化予防にも効果的なので、ぜひ取り入れましょう。

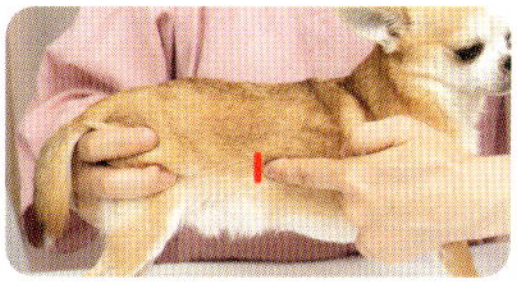
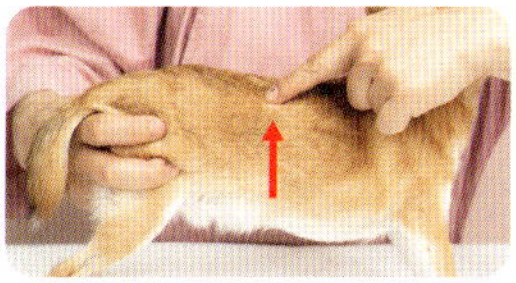
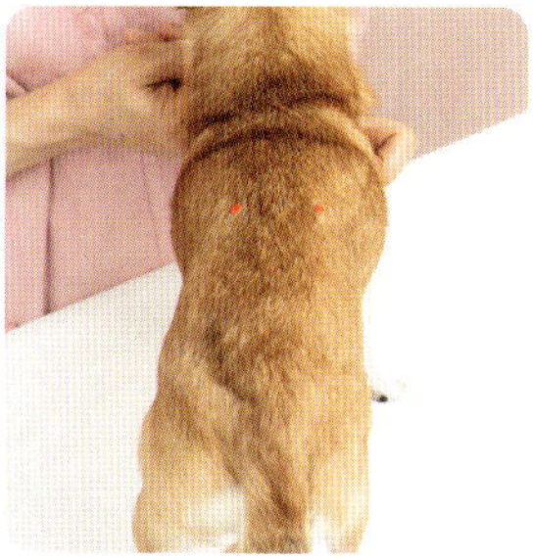

いちばん後ろの肋骨から垂直にあがり、背骨と交わったところが第二腰椎です。ここから1cm程度外側にあるくぼみになります。

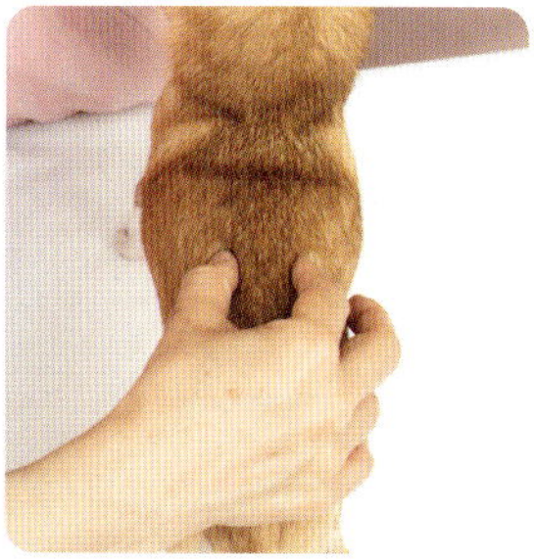

ツボをに親指と人差し指をかけ、背骨をつまむようなイメージで押すと良いでしょう。

大型犬の場合

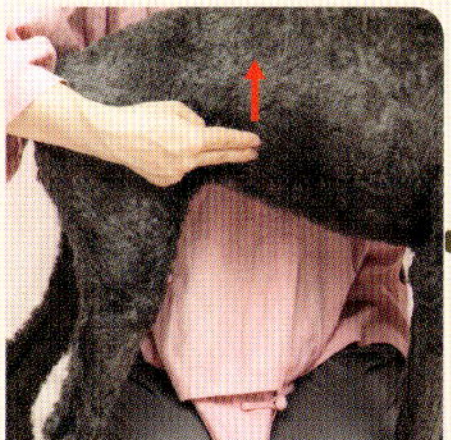

いちばん後ろの肋骨を下から撫でるようにして、背骨と交わった骨（第二腰椎）を探します。大型犬ならば第二腰椎から2cm程度外側にあります。親指と人差し指をツボにかけて、つまむように押します。

腰《こし》の百会《ひゃくえ》

脳の老化防止、イライラ解消のほか、整腸作用や腰痛を和らげる働きなど、万病に効くといわれるツボ。強く押すと痛がる犬もいるので、加減しましょう。

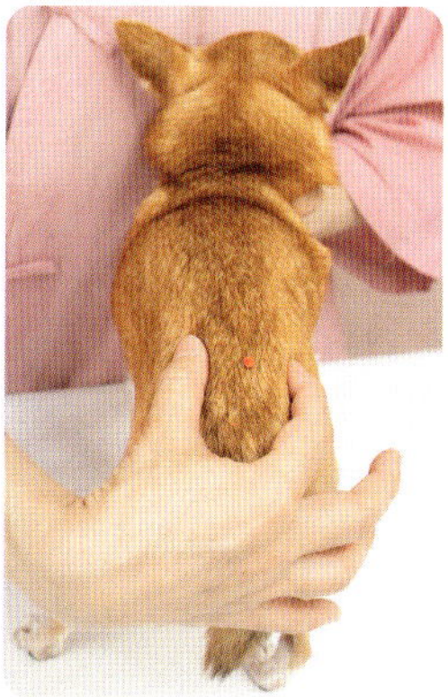

骨盤のいちばん広い部分と背骨が交わる位置にあります。背骨を腰に向けて触っていって指が落ちるくぼみが目安です。

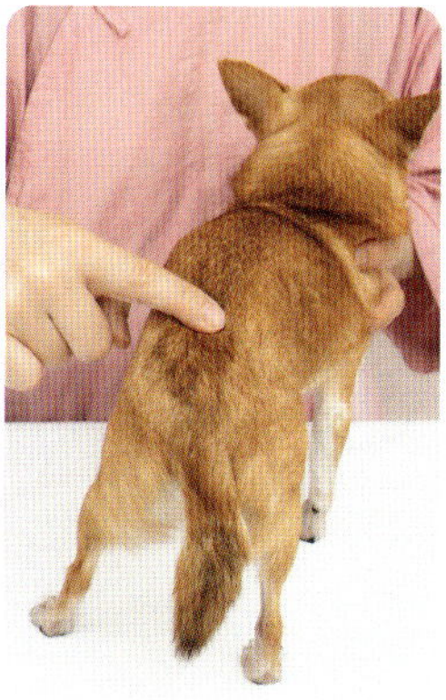

小型犬ならば人差し指で軽く押す程度でOK。あまり強く押すと犬が痛がる場合があります。

大型犬の場合

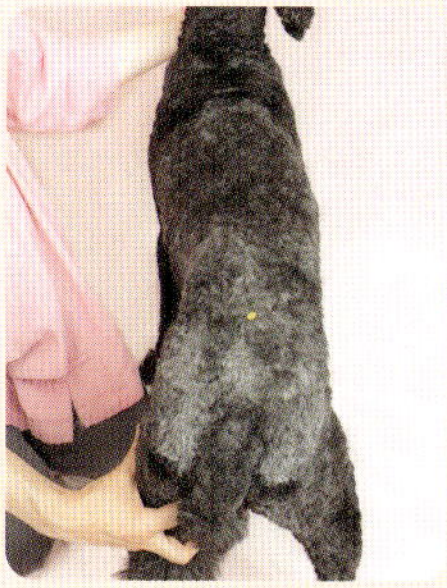
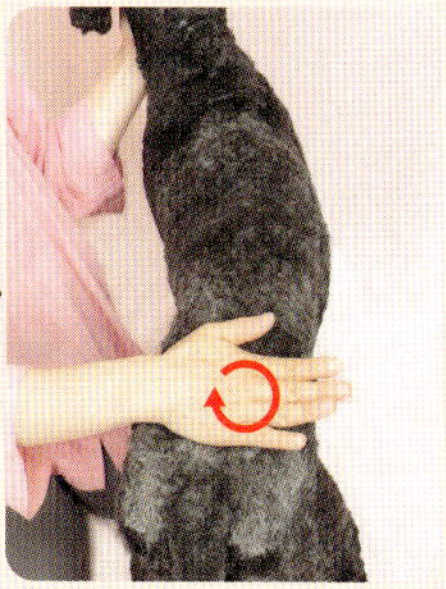

大型犬の位置も同じです。手の平全体を使って、くるくると回すような感じで撫でると良いでしょう。

日頃の
エイジング
ケア 05

愛犬が寝たきりになったら？

飼い主さんとのコミュニケーションが大事になる

飼い主さんが懸命にエイジングケアを行ったとしても、どうしても愛犬の体の機能は徐々に衰えていきます。加齢は生物としてしかたのないこと。寝たきりになってしまう可能性もあります。

寝たきりになった犬は動けない自分に不安感を覚え、強いストレスを抱えます。今までおとなしくて吠えたことのない犬が、吠え、唸りなどの問題行動を起こすことも少なくありません。こういうときこそ、愛犬としっかりコミュニケーションを取ってケアを行うことが大事です。

コミュニケーションの方法は、いろいろとあります。愛犬への声かけ（名前を呼ぶ、ほめる）、マッサージ、五感を刺激させる、などが代表的なものです。愛犬にとって、飼い主さんがそばにいるということは大きな支えになります。「ここにいるよ」とつねに知らせてあげましょう。

また床ずれを防いだり、運動機能を維持するためにも、できるだけ体を動かす必要もあります。姿勢を変える、補助マットなどを使って四つ足で立たせる、などを取り入れてみましょう。

シニア犬の世話ができるか？飼う前に考えておきたい

犬の性格、サイズや体重によって、飼い主さんの負担は変わります。寝ている体勢を変えるのも、排泄を介助するのも、どうしても大型犬のほうが負担が大きくなるものです。

15年後に愛犬が寝たきりになったとして、自分は世話をできるのか。家族で協力できるのか。15年経てば、家族構成が変わっている可能性もあります。こういった点は、犬を家族に迎える前に考えておいたほうが良いでしょう。

オススメのケア方法

❶ 愛犬への声かけ

愛犬への声かけは、コミュニケーションとしてもっとも効果的。寝たきりになっても、すぐに聴覚や視力が衰えるわけではありません。愛犬を気に掛けていると示すためにも、名前を呼んだり、「かわいいね〜」などと声をかけてあげましょう。

そして大事なことは、呼んだときに愛犬が少しでも反応したら、ほめてあげることです。

顔を向けたなら「こっち向いたの、えらいね」。耳が動いたなら「聞こえたの〜、すごいね」。ほめる方法はきっといくらでもあるでしょう。大好きな飼い主さんにほめられることは、何歳になっても犬の気持ちを若返らせます。

＼ ポイント ／

- 折に触れて名前を呼んだり、声をかけてあげる
- 愛犬が反応したら、必ずほめる

❷ 嗅覚を刺激する

犬の場合、五感の中でもとくに嗅覚は、年齢を重ねても衰えにくいとされます。好きなフードのにおいを嗅がせてあげると、脳に良い刺激となるでしょう。フードをレンジで温めたり、お湯でふやかしたりすると、においが際立つようになります。食欲増進にもつながります。

犬のサイズや体重によっては難しいかもしれませんが、カートなどに乗せて外に出るのもグッドです。外はさまざまなにおいにあふれているので、それを嗅ぐだけでリフレッシュになるはずです。窓際で日光浴させるだけでも効果があります。

＼ ポイント ／

- 五感の中でも嗅覚を刺激する
- カートで外に連れ出すのもグッド

❸ 四つ足の姿勢を取る

犬はもともと四つ足の生き物です。寝たきりになってしまうと、どうしても臓器の位置などがずれたり、気や血の流れが悪くなったりして、余計に体が固まってしまうのです。

短時間で良いので、クッションやタオルなどを使って、犬らしい四つ足の姿勢を取らせてあげましょう。こうすることで臓器も正しい位置に戻り、気や血もスムーズに流れます。

最近では体勢補助マットも販売されているので取り入れるのも良いでしょう。足腰のマッサージなどもしやすくなり、飼い主さんの負担も減ります。床ずれ予防にもなります。

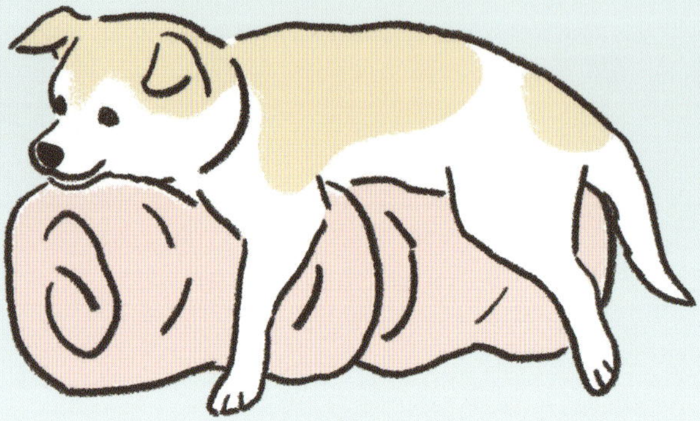

＼ ポイント ／

- ●内臓の位置が戻ったり、気血が流れるようになる
- ●足や腰のマッサージやケアがしやすくなる

そのほかのケア

床ずれ予防

同じ姿勢で寝ていると、マットやベッドに接触している皮膚に負担がかかり、皮膚表面の組織が壊死していきます。それが床ずれです。予防するには、なるべく寝たきりの姿勢を変えてあげることです。かかりつけの獣医師に相談すると良いでしょう。

マッサージ

五行の養生で紹介したマッサージをしてみましょう。気や血の流れをスムーズにして、愛犬の体をほぐす効果があります。マッサージ中、愛犬に話しかければ、コミュニケーションにもなります。全部を一度にやろうとしないで、毎日少しずつ行いましょう。

シャンプー

寝たきりの犬は体力が衰えているため、全身シャンプーは負担が大きくなります。飼い主さんも大変でしょう。今日は足先、明日はお腹など、体の一部分を洗う「部分浴」はオススメです。洗い流さないシャンプーもあるので、取り入れるのも手です。

犬のケア・介護の鉄則

飼い主さんの暗い雰囲気が犬のストレスの原因になる！

寝たきりの犬を面倒みるうえで大きなポイントが、飼い主さんの態度です。もともと犬は、高くて明るい声を好む傾向があります（だから低い声の男性を苦手にする犬が多いのです）。

ケア中、飼い主さんが低くて暗い声でボソボソ話したり、ずっと悲壮感たっぷりでいたりすると、その雰囲気が犬に伝わり、恐怖感・不安感を増大させてしまいます。結果、さらにストレスを与えることに。雰囲気が病気をつくる、というのは、あながち間違いではないのです。飼い主さんも大変だとは思いますが、愛犬と接するときはなるべく明るい声で話しかけてあげると良いでしょう。

そして、さらに重要なのが、飼い主さんがひとりで抱え込まないこと。寝たきりの犬の世話はとても大変です。ひとりで何もかもやろうとすると飼い主さんが体調を崩す可能性も。家族で協力することが大事です。最近では犬の介護シッターも増えてきました。外部のプロに頼るのは、決して悪いことではありません。そういったことも視野に入れておくと良いでしょう。

- 犬とのコミュニケーションを怠らない
- 飼い主さんは明るい声で話しかける
- ひとりで抱え込まず、協力者をつくる

犬種によって、
主な五行が
わかるんです！

かまくらげんき動物病院による
犬種別の五行診断

プードル 土行

● 知性的でIQが高い

● 臆病で神経質な面がある

IQが高く、教えられたことは吸収するタイプ。知性的な土行ですね。反面、教えていないことも覚えてしまって、いたずらに発展することも。賢いわりにワーキングドッグとして主流でないのは、臆病で慎重な面があるからだと思います。警戒心はありますが、飼い主さんがしっかり対応すればさまざまな場面に順応できる犬種です。抜け毛が少ない点も家庭犬としてグッドだと思います。

チワワ 水行

● 本質は気が強くてしっかり者

● 飄々とした性格の子も多い

華奢でかわいい容姿を持っているけれど、本質は気が強くてしっかり者。甘えん坊のイメージがありますが、意外と飄々としている子も多いです。そういうところが水の性質だと思います。また、五行の分類だと、水行は腎、そして骨と縁深いもの。チワワもこの2つの疾患は少なくないです。運動をたくさんする犬種ではないので、一緒にドッグスポーツをしたいという人には向かないでしょう。

ポメラニアン 金行

● 美しい見た目

● 小さいのに自信に満ちた性格

金行はピカピカしていて、自信に満ちた印象になるんです。ポメラニアンってあんなに小さくて可憐な容姿なのに、自信満々なイメージです。だから金行ですね。金行は肺、そして皮膚、毛に関係しています。呼吸器系疾患のほか、被毛や皮膚のトラブルも出てきやすい犬種です。「かわいい」が最初に来る犬種ですが、チワワと同じく意外と気が強い面があります。そこをしっかり理解してほしいです。

※個体差があるので、すべての犬に当てはまるとは限りません

柴犬 木行

●本質は繊細で神経質

●最近はマイルドな性格も多い

日本犬の代表格の柴犬。番犬のイメージがありますが、本質は繊細で神経質。だから引っ越しなど環境の変化に弱く、春先に体調を崩しやすい傾向があります。そして、繊細ゆえに怒りっぽい犬が少なくありません。だから木行ですね。肝に関する疾患も多い印象です。人と適度な距離を取る子が多かったのですが、最近ではマイルドな性格になって甘えん坊な柴犬も増えてきたように思います。

ミニチュア・ダックスフンド 土行

●賢くて飼い主さんに忠実

●食いしん坊が多い

よく食べるイメージと、賢くて飼い主さんに忠実なところから土行です。食べ過ぎてお腹を壊して来院という子が少なくありません。土行に関係する、消化器系の病気が多いですね。また歯周病を始めとして口に関係する疾患も多いです。小型犬のわりに吠え声が大きく、かわいらしい見た目とのギャップがあります。飼い主さんのしっかりしたトレーニングを必要とする犬種だと思います。

フレンチ・ブルドッグ 水行 or 火行

●穏やか or 怒りっぽいの2種類のタイプに分かれる

フレンチ・ブルドッグは、すごく穏やかな水行と、神経質で怒りっぽい木行の2種類を見かけると思います。動物病院ではどうしても木行の子を見る確率が高くなりますね。総じて皮膚系トラブルが多いです。また、顔のシワが眼球にあたり、目を痛める子も少なくありません。太りやすいのですが、あまり運動に向いた骨格ではないので、無理に散歩をさせて筋や骨を痛める子もいます。

ジャック・ラッセル・テリア

火行 or 木行

●フレンドリー or 怒りっぽいの2種類のタイプに分かれる

フレンドリーな火行か、怒りんぼの木行かのイメージです。ジャック・ラッセル・テリアは小型犬ですが、性質はほぼ大型犬。飼い主さんと何かをするのが好きで、それが上手にできる運動神経と頭の良さを持っています。頭脳派のアメフトの選手みたいです。飼い主さんもスポーツする感覚と覚悟で飼わないと大変です。それがうまくいけばフレンドリー、うまくいかないと怒りんぼになるのでしょうね。

シー・ズー

土行

●よく食べるイメージがある

●性格も明るくて飼いやすい犬種

食べるのが好きなイメージで土行ですね。少し前までは皮膚病で来院するシー・ズーがとても多く、それも土行のイメージになっています。土行は肌と関係していますから。けれど最近はぐんと少なくなりました。うちの動物病院の患者さんにもシー・ズーは多くないんです。つまり、病気やケガが少ないということです。性格も明るいので、犬の初心者さんにも飼いやすい犬種だと思います。

ゴールデン・レトリーバー

火行

●人懐っこくて友好的

●のんびり屋な性格も多い

社交的でフレンドリーな火行です。ニコニコしながらみんなに挨拶をして回るタイプ。性質も穏やかでやさしい子が多く、のんびり寝そべっているイメージもあります。とはいえ大型犬なので、トレーニングをしっかりしていないと大変です。フレンドリーだからこそ相手に飛びついたりしてトラブルになることも。また、火行なので喜び過ぎの傾向もあります。落ち着かせるトレーニングも必要でしょう。

ウェルシュ・コーギー・ペンブローク

木行 or 土行

●怒りっぽい or 落ち着いているの2種類のタイプに分かれる

総じてよく食べてよく遊ぶタイプが多く、土行かなと思います。ただ、動物病院に来る中には怒りんぼの木行もいますね。怒りっぽい子は肝臓を、土行の子は脾臓を悪くする傾向があります。土行の子は消化器系トラブルもあります。太りやすいですが、あまり長時間散歩をさせたり、走らせたりすると足腰を痛める可能性もあります。散歩や運動だけでなく、脳トレを取りいれるのも体力消費にいいと思います。

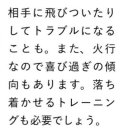

ミレー君日記
VOL.4

9歳になり立派なシニア犬になりました。温活、口腔ケア、腸活に加えて筋活を始めました。元気に長生きしてくださいね。

石野院長を真似て眼鏡をかけて、ミレーもお勉強です。丸眼鏡が似合っていますよね。

2023年

9月15日、8歳の誕生日を祝うミレーです。折り紙で王冠をつくりました。

疲れたときなど、よくこのふわふわの毛布で自主的に休憩を取っています。

食事に気をつけているので、以前は首の周りに痒みがありましたが、今はありません。

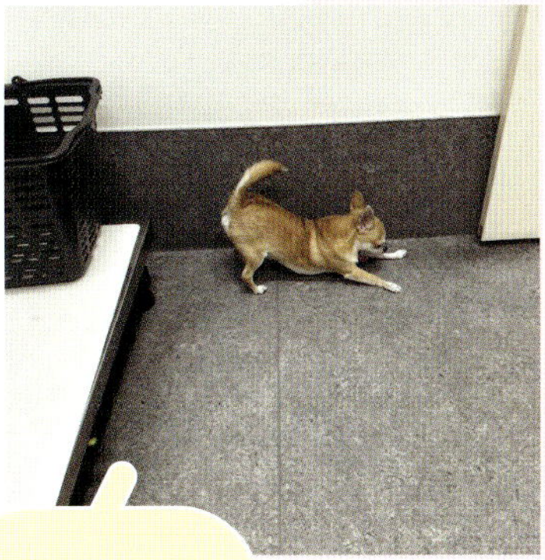

のびの動作は、さりげなく関節や筋肉の動きを観察するのにぴったりです。

2024年

現在9歳。すっかりシニアです。これからも健康で長生きしてほしいですね。

相澤先生の思い出話

関節の柔軟性は、パピー期と変わらず飼い主としては羨ましい限り。筋肉量も変わらないですが、ハイシニアに向けてもう少し無理なくつけたいなと思って食事からのアプローチを開始しました。お互いに健康長寿を目指そうね。

著者プロフィール

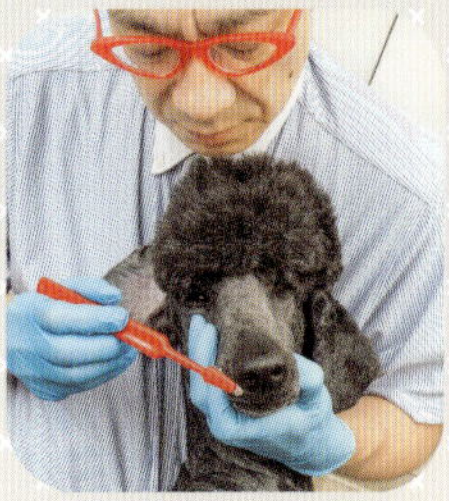

かまくらげんき動物病院 院長

石野 孝

麻布大学大学院修士課程修了。中国内モンゴル農業大学にて中国伝統獣医学（鍼灸、漢方）を学んだのち、かまくらげんき動物病院を開業。最新の西洋獣医学と伝統的な東洋医学を融合させて治療に用いるパイオニア的存在として国内外で幅広く活躍中。国際中獣医学学院日本校の創設者であり、現理事長。そのほか主な所属として、中国南京農業大学教授、中国聊城大学教授、内モンゴル農業大学動物医学院特聘専家、（一社）日本ペットマッサージ協会理事長、日本メディカルアロマテラピー動物臨床獣医部会理事長、（社）日本ペット歯みがき普及協会理事など。

かまくらげんき動物病院 副院長

相澤 まな

石野先生とともに動物とペットオーナーに優しい治療を実践。頼れる存在として、多くのペットオーナーから信頼を得ている。主な所属として、南京農業大学人文学院客員教授、中国伝統獣医学国際培訓研究センター客員研究員、中国西南畜牧獣医学会学術顧問、、（一社）日本ペットマッサージ協会理事、日本ハンドメイドドッグソープ協会理事、国際中獣医学院認定講師など。

かまくらげんき動物病院
神奈川県鎌倉市笛田1-3-15
TEL：0467-40-4748

かまくらげんき動物病院のワンコたち

※年齢は撮影時のもの

唯（ユイ）
6歳・メス
スタンダード・プードル

康康（カンカン）
8か月・メス
スタンダード・プードル

香香（シャンシャン）
4歳・メス
スタンダード・プードル

ガガ
1歳・メス
トイ・プードル

ギギ
6箇月・メス
トイ・プードル

ミレー
9歳・オス
チワワ

撮影にご協力いただいたワンコのみなさん

※順不同
※年齢は撮影時のもの

マイコ（満愛幸）
5歳・メス
チワワ

もも
6歳・メス
ゴールデン・
レトリーバー

れでぃ
7歳・メス
ウェルシュ・
コーギー・ペンブローク

マリア
1歳・メス
ウェルシュ・
コーギー・ペンブローク

空羽（くう）
6歳・オス
柴

クライド
11歳・オス
チワワ

ボニー
11歳・メス
チワワ

モネ
10か月・オス
ミニチュア・
ダックスフンド

みらん
4歳・メス
ホワイト・スイス・
シェパード・ドッグ

りの
13歳・メス
ホワイト・スイス・
シェパード・ドッグ

こはる
3歳・メス
ウエスト・ハイランド・
ホワイト・テリア

なつ
3歳・メス
ミックス
（ゴールデン・レトリーバー
×ボーダー・コリー）

あずき
11歳・メス
シェットランド・
シープドッグ

スタッフ
撮影　奥山美奈子
イラスト　山田優子
カバー・本文デザイン　メルシング　岸博久
編集・ライター　伊藤英理子　溝口弘美
校正　株式会社文字工房燦光
協力　石渡順子　岩上由紀夫　小澤真夕　齋藤まゆみ
髙島藍子　高橋典子　林郁子　林都茂子　横田泰敏

参考文献
『ペットのための東洋医学講座』（社）日本ペットマッサージ協会
『まんが 黄帝内経―中国古代の養生奇書』医道の日本社
『薬膳食典 食物性味表：食養生の知恵 第２版』燎原書店
『旬の野菜の栄養事典　最新版』エクスナレッジ
『セラピストのためのはじめての中医学』BABジャパン
『中医学基礎理論入門』刮痧国際協会
『最新カラー図解東洋医学基本としくみ』西東社

犬《いぬ》のエイジングケア
食事《しょくじ》からマッサージまで、健康《けんこう》で長生《ながい》きするためのトータルケア

2025年1月20日　発　行　　NDC645

著　　者　石野孝《いしのたかし》　相澤《あいざわ》まな
発 行 者　小川雄一
発 行 所　株式会社 誠文堂新光社
〒113-0033 東京都文京区本郷 3-3-11
https://www.seibundo-shinkosha.net/
印刷・製本　シナノ書籍印刷 株式会社

ISBN978-4-416-72374-6